Monique R. Siegel

Rosmarie Michel

Monique R. Siegel

Rosmarie Michel

Leadership mit Bodenhaftung

orell füssli Verlag AG

© 2007 Orell Füssli Verlag AG, Zürich
www.ofv.ch
Alle Rechte vorbehalten

Umschlagabbildung: Thomas Eugster
Umschlaggestaltung: Andreas Zollinger, Zürich
Druck: fgb • freiburger graphische betriebe, Freiburg i. Brsg.
Printed in Germany

ISBN 978-3-280-06089-6

Bibliografische Information der Deutschen Bibliothek
Die Deutsche Bibliothek verzeichnet diese Publikation in der
Deutschen Nationalbibliografie; detaillierte bibliografische
Daten sind im Internet über http://dnb.d-nb.de abrufbar.

Inhalt

Limmatquai/Central vor 1950, Schurter-Haus.

Prolog: Warum nicht die Taube auf dem Dach?

Was für ein fulminantes Debüt! Trudy Michel-Schurter, No-Nonsense-Mutter und Geschäftsfrau von Kopf bis Fuss, steht bis zur letzten Stunde hinter dem Ladentisch. Als die Wehen einsetzen, kann der begreiflicherweise nervöse Vater gerade noch rechtzeitig die Ambulanz rufen, die innerhalb von Minuten vor dem Haus am Eingang der Zürcher Altstadt, dem Niederdorf, vorfährt. Die werdende Mutter steigt hinten ein, der Wagen wird vorne gestartet und fährt los – mit einer weissen Taube auf dem Dach, die sich dort oben niedergelassen hat!

Symbolisch? Wofür? Sicher nicht für Frieden zu jedem Preis, denn das kleine Mädchen, das da ziemlich schnell zur Welt kommt, wird zeit ihres Lebens eine lustvolle Streiterin sein, wenn es um eine Sache geht, für die sie sich engagiert – darin ganz Tochter ihrer Mutter. Wenn wir hier schon Symbolik bemühen möchten, dann trifft das eher auf das Sternzeichen zu: Sie hat den Löwen nie verleugnen können – besonders auch die diesem Sternzeichen zugeschriebene Grosszügigkeit im Denken wie im Handeln – und lustvoll hie und da die Widerspenstigkeit ihres Aszendenten, Widder, an den Tag gelegt.

Wahrscheinlich war die Taube so verstört, dass sie das rechtzeitige Abheben verpasst hat, denn als der Krankenwagen an der Pflegerinnenschule[1] vorfährt, ist sie immer noch da; sie hat die Schwangere, die in ein paar Minuten bereits die Gebärende sein wird, auf dem Dach der Ambulanz auf deren eiligem Weg begleitet. Die Zeit reicht gerade noch für die Ankunft im Gebärsaal: Als der Arzt eintrifft, ist das kleine Mädchen schon da.

---

1 Das war das Spital in Zürich, gegründet von der ersten Schweizer Ärztin Dr. Marie Heim-Vögtlin, wo gutbürgerliche Frauen ihren Nachwuchs gebaren.

Erwünscht, erwartet, ersehnt. Rosmarie Louise Michel hatte es eilig, auf die Welt zu kommen – vielleicht ein erstes Zeichen ihrer Entscheidungsfreude oder der Rücksichtnahme auf die Bedürfnisse anderer? Wer möchte schon später hören, wie sehr die Mutter bei der Entbindung gelitten hat …?! Was für ein Erstauftritt in der gutbürgerlichen Welt eines Zürich in den 30er-Jahren des letzten Jahrhunderts! Sie wird später um einiges zurückhaltender sein.

Die Mutter kommt schnell wieder nach Hause – so schnell, dass die Tochter ihr Leben lang über das Haus ihrer Familie sagen wird: «Ich bin in diesem Haus geboren und aufgewachsen!»

Lassen wir ihr die kleine Übertreibung, denn selten hat sich ein Mensch so mit einem Haus identifiziert wie Rosmarie Michel mit ihrem. Das 500-jährige Haus heisst von alters her «Zur Sempacher Hellbard», und man tut gut daran, sich an diesen Namen zu erinnern, besonders wenn sie etwas verteidigen muss – wie zum Beispiel die Seele dieses Hauses. Es ist «ihr» Haus, und es ist eine fast symbiotische Beziehung geworden.

In diesem Haus, eingebettet in eine Grossfamilie, die aus Vater, Mutter und dem drei Jahre älteren Bruder sowie anderthalb Dutzend Angestellten besteht, wächst eine Frau heran, der das Wort Leadership auf den Leib geschrieben ist. Wie wird man eine der einflussreichsten Frauen der Schweizer Wirtschaft? Wie kommt man zu aussagekräftigen Verwaltungsratsmandaten – solchen, in denen man etwas bewirken kann –, wo man oft die erste Frau ist und die einzige bleiben wird? Wie wird man zur Präsidentin eines wichtigen internationalen Verbands für berufstätige Frauen gewählt? Sie würde auf diese Fragen immer dieselbe Antwort geben: Nicht, indem man solche Fragen stellt! *«Ich habe mich nie um einen Posten beworben»*, stellt sie nüchtern fest, wenn man sie zu den vielfältigen Tätigkeiten ihrer überaus erfolgreichen langjährigen Berufslaufbahn interviewt. Und sie hat schon gar nicht irgendjemanden gefragt, wie man etwas Bestimmtes wird. Sie hat einfach etwas gemacht, eine Leistung erbracht, die anderen nicht verborgen geblieben ist, und ist danach für eine bestimmte Tätigkeit angefragt worden.

Dann aber, wenn sie für eine Funktion, Position, Tätigkeit ausgewählt worden war, hat sie sich viel zugetraut, keine Arbeit gescheut und freudig entschieden. Später wird sie nicht, wie so viele erfolgreiche Frauen, dieses «Ich hatte einfach Glück»-Gefasel hervorholen, sondern stattdessen über Fehler und Lernprozesse sprechen, über Lösungsorientierung und vor allem – ein Schlüsselwort in ihrem Leben – über Verantwortung. Und bald schon wird den Fragenden klar, dass hier kein Wunder geschehen ist und auch keine Alibifrau in Positionen gehievt wurde, die eine Nummer zu gross waren, sondern eine willensstarke, fähige Frau dort eingestiegen ist, wo sie mit ihren Talenten und Neigungen sowie einem ausgeprägten Verantwortungsbewusstsein etwas bewirken konnte. Wen wundert's dann noch, dass sie sich so bewährt hat?

Was Sie, liebe Leserin, lieber Leser, auf den folgenden Seiten finden, ist keine Biografie einer erfolgreichen Führungsfrau, sondern ein Buch zum (fast schon zerredeten) Thema «Leadership». Ob als Unternehmerin, Verwaltungsrätin oder Verbandspräsidentin: Rosmarie Michel hat die Führung übernommen. «Natürliche Autorität» nennt man so etwas, und viele ihrer Kolleginnen und Kollegen haben sie um dieses Attribut beneidet, ohne zu realisieren, dass die Bürde ihrer Ämter und Funktionen deren Würde oft überstieg. Autorität, wenn sie nicht angemasst ist, hat etwas zu tun mit Autonomie und Authentizität, Selbstbewusstsein und Selbstbescheidung, und wer Visionen umsetzen will, muss den Balanceakt zwischen Gipfelbesteigung und Bodenhaftung vollbringen. Leadership fordert viel:

- Menschen gemäss ihren Fähigkeiten einzusetzen und dazu zu bringen, über sich selbst hinauszuwachsen,
- Begeisterung und die Fähigkeit, dieses Gefühl zu kommunizieren,
- Glaubwürdigkeit und die Bereitschaft, zu gemachten Fehlern zu stehen,

- Humor und die Selbstironie, die es braucht, wenn man sich und seine Erfolge nicht so wichtig nimmt,
- vor allem aber: Kommunikationsfähigkeit und Freude am Erreichen von Zielen mit anderen.

Es hat Rosmarie Michel bei ihren diversen Tätigkeiten nicht geschadet, dass sie in der Lage ist, sich in mehreren Sprachen hervorragend auszudrücken, einen fast mädchenhaften Charme hervorzaubern kann und eine faszinierende Erzählerin ist – von erfundenen wie von erlebten Geschichten. Erlebt hat sie, weiss der Himmel, genug, um mehrere Bücher zu füllen, und einiges davon findet sich auf den folgenden Seiten, zum grössten Teil im Originalton – *kursiv gesetzt* –, denn niemand erzählt diese *G'schichtli*, wie sie sie nennt, besser als sie selbst.

Es ist denn auch dieses Talent, das zu dem vorliegenden Buch geführt hat. Wie oft haben faszinierte, amüsierte Zuhörerinnen und Zuhörer am Ende eines Abends gefragt: «Warum schreiben Sie diese Geschichten nicht einmal auf?» Das würde ihr jedoch nicht im Traum einfallen. Dann hat man sich häufig an mich gewandt, wenn ich auch anwesend war, und fast vorwurfsvoll gesagt: «Sie sollten mal die Biografie von Frau Michel schreiben!», was nun wiederum mir nicht im Traum eingefallen wäre: Man schreibt keine Biografie über die beste Freundin! Erst als mir bewusst wurde, was sie als Mentorin, als Beispiel einer erfolgreichen Unternehmerin und integren Wirtschaftspersönlichkeit zum Thema «Leadership» – ein Bereich, mit dem ich mich seit Jahren publizistisch beschäftige – vermitteln kann, ist dann eine zweifache Bereitschaft herangereift, dieses Buch in Angriff zu nehmen – bei der Interviewten die Bereitschaft, Persönliches preiszugeben, und bei der Interviewerin, das Gehörte in lesbarer Form zu Papier zu bringen. Dazu gab es hier wiederum eine Gelegenheit, Einblicke in das Zürcher Wirtschaftsgeschehen zu vermitteln – auf gewerblicher Basis und aus Zeiten, in denen nicht nur von Konzernen, Fusionen und Managerlöhnen die Rede war.

Als dieses Buch in Arbeit war, ist die Frau, die Leadership so überzeugend praktiziert hat, 75 Jahre alt geworden. Kurz vor ihrem Geburtstag hat sie das ererbte Geschäft mangels Familienmitgliedern, die sich für eine Fortführung interessiert hätten, an ein Unternehmen ihrer Wahl übergeben können und damit eine Familientradition von 137 Jahren zufriedenstellend beendet – mit Herzblut, ja, aber auch mit dem ihr eigenen Pragmatismus: Die Confiserie Schurter, berühmt für ihre Zürcher Spezialitäten, und das dazugehörige Café werden weiterleben, auch ohne ein Mitglied der Gründerfamilie …

«Können Sie jetzt Ihren Ruhestand geniessen?», wird die überaus lebendige, agile und beruflich immer noch sehr aktive Zürcherin von Bekannten nun oft gefragt. «Ja», sagt sie dann trocken, «jetzt, wo ich mein Pensum auf 100 Prozent reduzieren konnte.» Wie die 75 Jahre davor ausgesehen haben für die Tochter einer Geschäftsfrau und eines Hoteliers, die 1931 in gutbürgerlichem Zürcher Umfeld das Licht der Welt erblickt und später ein Wirkungsfeld auf internationalem Parkett findet – das ist der Inhalt der folgenden Seiten.

Marie Schurter-Rickli (Grossmutter), Trudy Schurter, Lydia Schurter, Emil Schurter II (Grossvater).

I

Wer seine Wurzeln nicht kennt …

Wer seine Wurzeln nicht kennt, kennt keinen Halt.
Stefan Zweig

In der Welt der *business nomads*, der mobilen Führungskräfte in unserer globalisierten Wirtschaft, gehören Tradition oder das Sich-Besinnen auf seine Wurzeln eher in die Mottenkiste als zur Standardausrüstung für den Führungsalltag. Das ist sicher generationsbedingt, und wer weiss, ob sich nicht in absehbarer Zeit hier eine Trendwende anzeigt, ähnlich wie bei den Familiengeschichten von Migranten, wo sich die zweite Generation total an die neuen Gegebenheiten anzupassen versucht, die dritte jedoch gerne von den einstmals eingewanderten Grosseltern Geschichten, Tradition und Folklore aus dem Auswandererland abruft. Rosmarie Michel verträte in diesem Szenario die Generation der Grosseltern, die sie ja auch in Wirklichkeit vertritt; sie hat immer die Kraft für all ihre Tätigkeiten auf das zurückgeführt, was sie im Elternhaus, in der Familie, in ihrer Vaterstadt mitbekommen hat.

Tatsächlich hat das Elternhaus den besten Anschauungsunterricht geboten, in mehr als einer Hinsicht, ganz besonders aber in der für Leadership so unerlässlichen Sozialkompetenz.

Es sieht so aus, als sei sie in eine heile, bürgerliche Welt geboren: Das grosse Haus steht unübersehbar am Anfang der Zürcher Altstadt, jetzt 30 Meter von der Limmat entfernt, damals näher am Wasser, dessen Rauschen den Verkehrslärm im Stadtzentrum übertönte. Man hatte damals das Gefühl, am Fluss zu leben, der für kleine Höhepunkte im Leben der beiden Kinder sorgte. Ein Spaziergang mit der Kinderschwester Anna führt oft über einen

bebauten Flussübergang, wo es zwei Attraktionen gibt: ein Velo-
geschäft und den Verlag, der die Micky-Maus-Bücher herausgab,
die im Schaufenster die kleinen Betrachter verführerisch anla-
chen. Dass im Herbst und im Winter auch noch ein italienischer
Marroni-Mann seinen Stand dort hat, erhöht die Attraktivität
dieser Stelle am Fluss.

Kinderschwester? Ja. Kein Luxus, wenn man bedenkt, dass
beide Eltern beruflich sehr engagiert waren, ihre Kinder aber sicher und behütet wissen wollten. Das, was man heute mit *quality
time* bezeichnet – ein zwar zeitlich beschränktes, aber intensives
Familienleben –, erlebt das Kind schon in den 30er-Jahren. Mit-
geliefert wird eine sehr gesunde, von grossem Respekt geprägte
Einstellung zur Arbeit und zur Rolle berufstätiger Mütter.

Zürich, die ehemalige römische Garnison, war trotz des Klein-
stadtgepräges in der Zeit zwischen den Weltkriegen schon damals
eine offene Geschäftsstadt, und das grosse Haus am Central ist
ein echtes Gewerbehaus, eine Mischung aus einer Produktions-
stätte mit Backstube und grossen Nebenräumen, einem Geschäft
mit Ladenlokal und Café, einem Personalhaus mit dem Gepräge
einer Grossfamilie und schliesslich dem Familiensitz der Schur-
ters. Das Haus ist ein Erbstück der Mutter, die ihre Schwester
ausgezahlt hat und das renommierte Geschäft jetzt in Eigenregie
betreibt.

Gründer der Familiendynastie ist der Urgrossvater, der 1869
für seine Frau dieses Haus am Central gekauft hat, zusammen mit
einem kleinen Rebberg. Als die kleine Rosmarie die Szene betritt,
befindet sie sich in einem gemischten Umfeld von Familie und
Angestellten: aktive Dienstboten ebenso wie langjährige treue
Mitarbeiterinnen wie die Haushälterin, die fünfzig Jahre lang die
Familie betreut hat, inzwischen zwar pensioniert ist, aber keine
Bleibe hat.

Der Grosshaushalt wird fast wie ein kleines Hotel geführt;
Köchin, Putzerin, Wäscherin gehören sozusagen zur Familie, der
Waschtag alle vier Wochen ist ein Grosskampftag, an dem jede

Beteiligte ihr Revier beansprucht und ihre Spezialwäsche zu erledigen hat, und am Esstisch sitzen oft ein Dutzend Personen.

Das ganze Haus durchweht der Duft der Backstube, in der acht Konditoren unter Führung eines Chefkonditors Qualitätsarbeit leisten. Das Geschäft ist gross, hat einen guten Namen und seinen festen Kundenkreis: traditionsbewusste Zürcherinnen und Zürcher, die die frisch gebackenen lokalen Spezialitäten nach Rezepten aus früheren Jahrhunderten schätzen.

Der Mutter, Trudy Schurter, ist bewusst, dass der Besitz des Familienhauses gewisse Verpflichtungen mit sich bringt. So bewirtet sie alleinstehende Verwandte aus der Generation ihres Vaters am gastlichen Familientisch, und so gibt es auch jeden Samstag einen Familienkaffee, den die Jüngste allerdings langweilig und eher bemühend findet; zu jener Zeit ist das Kaffee-Einschenken ausschliesslich Mädchensache, und obwohl sie später eine der besten Gastgeberinnen wird, behagt ihr diese Art des Mithelfens gar nicht. Schlimmer noch sind die diversen Erziehungsversuche, die bei solchen Gelegenheiten an wehrlosen Kindern verübt werden. Irgendwann merken die meisten Gäste dann aber, dass solche Versuche bei diesen Kindern von keinerlei Erfolg gekrönt sind; Bruder und Schwester sind sich einig, dass sie ganz gut ohne diese überflüssigen Bemerkungen und Ratschläge auskommen können.

Die Hausbewohner bilden eine starke Gemeinschaft mit den für derartige Konstellationen üblichen Problemen: Gesundheits-, Sprach-, Ehe- und Kinderprobleme, auch Konfliktsituationen in der Führung (der Chef der Backstube hat hie und da Mühe, eine Chefin zu akzeptieren) – für all dies ist die Mutter zuständig, die gelegentlich unter dem Druck der Geschäfte emotional oder sogar ungerecht reagiert.

In diesem Umfeld hatte man nur zwei Möglichkeiten: Man konnte sich absondern – das war eher das Muster meines Bruders – oder man hat mitgemacht, das war eher meins. Was ich dort lernen konnte, nämlich mit allen möglichen Menschen, egal, welcher Herkunft, gut durchzukommen, mit allen zu sprechen, mit allen eine

*Verbindung aufzubauen, das habe ich alles in diesen ersten Jahren
gelernt. Ich habe damals schon wahrgenommen, wie in diesem Haus
geführt worden ist, wie man miteinander umgegangen ist, wie man
versucht hat, zu einem Ergebnis zu kommen.*

Hier also holt sie sich ihre ersten Lektionen in Sachen Führung,
von einer starken Mutter, die weiss, was es heisst, seinen sozialen unternehmerischen Verpflichtungen nachzukommen. Hier
nimmt sie aber auch Situationen wahr, die sie auf keinen Fall
wiederholen möchte. Positiv oder negativ: Es sind Lektionen, die
ihr später wertvolle Dienste leisten werden. Aus diesen Anfängen
entwickelt sich unter anderem eine Einstellung zur Arbeit, die sie
ein Leben lang begleiten wird:

*Respekt vor der Arbeit der anderen, vor dem Beruf, dem tägli-
chen Brotverdienen – da war eine Mentalität, dass wer gearbeitet
hat und wie er gearbeitet hat, Respekt verdient. Zweitens: Das war
kein Kinderspiel und der Arbeitsplatz kein Kinderspielplatz, sondern man hat sich ernsthaft damit auseinandergesetzt, und es gab
nur eine Möglichkeit, damit umzugehen: mitzuhelfen, seinen Kräften entsprechend.*

Ihren Kräften entsprechend, wird die Kleine früh zum Mithelfen
angehalten. Da gibt es Aufgaben hinter und vor den Kulissen;
diejenigen im sogenannten «Office» beinhalten das, was kleine
Mädchen meistens zuerst auch im Haushalt zu tun lernen:

*Damals gab es noch keine Abwaschmaschinen, also war Teller-
trocknen angesagt. Das war, im Alter von neun Jahren, mein Debüt
im Arbeitsleben. Allerdings habe ich mich schon damals gerne mit
Maschinen befasst: Die Kaffeemaschine zum Beispiel hatte so ein
Zäpfli, das man ziehen musste, um Kaffee herauszulassen. Ich fand
das faszinierend; schon damals hat sich offenbar nicht nur eine gewisse technische Begabung manifestiert, sondern auch mein Pragmatismus: Weil ich schon früh gemerkt habe, dass Stehenlassen auch
Teller trocknet, habe ich mich mit Hingabe der Kaffeemaschine ge-*

widmet, den Kaffee herausgelassen und in die Durchreiche gestellt.
Ich wurde also die Hilfskaffeeköchin.

Schon früh darf sie auch auf die eigentliche Bühne des Geschehens, in den Laden, in dem die Schokolade so herrlich duftet:

Am Sonntag nach dem Kirchgang kamen fast alle Kunden, um
das Sonntagsdessert zu holen, viele Väter und die dazugehörigen
Kinder. Ich durfte dann an der Türe stehen und sagen: «Auf Wie-
dersehen, danke vielmal!»

Ich habe das sehr gerne gemacht, denn ich hatte keine Angst vor
fremden Leuten. Bei diesen Kunden aller Altersklassen und verschie-
dener Schichten habe ich gesehen, dass die alle so normal sind wie
meine Eltern. Und natürlich waren sie auch sehr nett zu der Klei-
nen, die da an der Tür stand und, sich ihrer wichtigen Aufgabe voll
bewusst, Auf Wiedersehen sagte.

Nun ist es aber nicht so, dass es sich hier um echte Kinderarbeit
handelt, im Gegenteil: Rosmarie Michel wächst behütet auf. Kinderschwester Anna ist ein Teil ihres Alltags – und Mitglied ihres
Fan-Clubs, ist man versucht zu sagen. Die Kleine ist der Liebling
der Frau, die als ausgebildete Kinderschwester zuerst einmal für
den Sohn Hansjürg in die Familie geholt wird. Der findet Kinderschwestern allerdings völlig überflüssig, und dementsprechend
bekommt er sofort Krach mit ihnen. Nachdem schon einige das
Haus betreten und es ziemlich schnell wieder verlassen hatten,
reisst der Mutter der Geduldsfaden. Diese hier, die der Dreijährige
auch nicht mag, wird bleiben, dekretiert sie, zumal ja jetzt auch
noch ein Säugling zu betreuen ist.

Die Kinderschwester bleibt also – und zwar noch zwanzig
Jahre! Nicht dass Rosmarie Michel diese Betreuung so lange gebraucht hätte, aber die treue Angestellte wird natürlich ein Teil
des sozialen Gefüges: Man konnte doch jemanden, der so lange
so treu der Familie gedient hatte, nicht entlassen! Schon früh lernt
das behütete kleine Mädchen, dass viele Menschen auch in weni-

ger komfortablen Umständen leben, und sie ist entschlossen, das
zu ändern, wenn auch in diesem Fall vielleicht weniger pragmatisch:

*Einmal hat die Kinderschwester mich, als kleines Mädchen, mit
zu sich nach Hause genommen. Ihr Vater arbeitete in einer grossen
Tuchfabrik, und die Mutter betrieb eine kleine Landwirtschaft. Ich
hatte es gut: Wo immer ich hingekommen bin, fand man mich süss
und nett und war lieb zu mir. Also, ich bin dorthin gegangen und
musste irgendwann mal auf die Toilette: Sie hatten natürlich ausserhalb des Hauses ein Plumpsklo. Dann bin ich nach Hause gekommen, und meine Mutter hat gefragt, ob's schön gewesen wäre, und da
hab ich gesagt: Ja, es wäre sehr schön gewesen; das seien ganz liebe
Leute, aber meine Eltern müssten ihnen unverzüglich ein WC fürs
Haus schenken, damit diese netten Menschen nicht mehr im Winter
frieren müssten. Natürlich haben meine Eltern diese Sache etwas anders gesehen und mir klargemacht, dass das nicht ihre Aufgabe sei.*

Sie war, wie sie das nennt, «der Chouchou der Kinderschwester»,
was sie mit Kinderlist auch weidlich ausgenutzt hat. Schon damals
manifestiert das kleine Mädchen frühe Führungsambitionen: Sobald das Kind sprechen kann, macht die Kinderschwester das, was
das kleine Mädchen will – auch wenn sie dies wahrscheinlich
selten realisiert. Die beiden verbringen viel Zeit miteinander; hie
und da kommt Anna sogar mit in die Ferien. Und oft werden sie
zu Komplizen, sei es gegen Bruder und Haushälterin, die sich zu
einer neuen Allianz verbündet haben, oder gegen Aussenstehende,
die der Kleinen nicht passen. Rosmarie Michel hat nie einen Kin-
dergarten von innen gesehen (sie sinniert heute darüber, ob das
vielleicht ein Manko gewesen sein könnte …), aber da ihre Mutter sich verpflichtet fühlte, gestrandeten Existenzen beizustehen,
wird das Kind zum Beispiel in eine Rhythmik-Schule geschickt.

*Eine Kundin hat im Laden auf diese Frau hingewiesen, die drin-
gend ein Einkommen brauchte, und schon wurde Klein-Rosmarie in
die Bewegungsschule geschickt. Aber ich habe zur Bedingung ge-*

Rosmarie mit ihren Eltern und der Kinderschwester vor der Confiserie Schurter.

Beim Sommervergnügen in Meilen.

macht: nur mit der Kinderschwester! Ich hab das allein nicht ausge-
halten; mir hat es vor der Frau wirklich gegraust.

Viele Menschen haben lernen müssen, dass man sich Rosmarie
Michel gegenüber nicht ungerecht, unredlich oder unethisch verhalten darf. Ein solches Verhalten zieht Folgen nach sich. Zu denjenigen, die das zu spüren bekommen, gehört auch Frau Berg, ein
weiterer «Fall». Sie unterrichtet Kinder aus dem Quartier in Bas-
tel- und Handarbeiten, und obwohl die Kleine kein übermässiges
Interesse an dieser Art von Unterricht an den Tag legt, muss sie
zu Frau Berg, denn das Kursgeld der fünf oder sechs Kinder, die
dort pro Woche ein paar Stunden verbringen, ist ein Beitrag an
das nicht gerade üppige Einkommen dieser Dame. Ein Zwischen-
fall beendet diesen Unterricht dann sehr abrupt, und hier zeigt
sich deutlich, wie konsequent Rosmarie Michel bereits als kleines
Mädchen auf Ungerechtigkeit reagiert:

Ich hab das noch ganz gern gemacht, besonders die Bastelarbeiten
mit Lederresten. Eines Tages hat Frau B. etwas gesucht – ich glaube,
es war irgendein Stück Leder –, und als sie es nicht fand, hat sie
behauptet, jemand hätte es genommen. Wir daraufhin: Nein. Da-
nach hat sie mich angeguckt und gesagt, ich hätte das genommen.
Da habe ich wortlos mein Säckli gepackt und bin nach Hause gegan-
gen – und danach nie mehr zu Frau Berg.

Natürlich wollte meine Mutter wissen, warum ich schon so früh
zu Hause war. Ich sagte ihr, das sei nicht so wichtig. Doch Frau Berg
war nicht nur ungerecht, sondern wohl auch nicht besonders intelli-
gent. Sie kam eine Woche später in den Laden, um sich zu beklagen,
dass ich nicht zur Bastelstunde gekommen sei. Meine Mutter meinte,
ich müsse ihr nun doch sagen, was da passiert sei. Also habe ich es ihr
gesagt. Ich hatte eine Mutter, die so etwas begriff und nachvollziehen
konnte, und so sagte sie zu Frau Berg, als die wiederum im Laden
auftauchte: «Es hat keinen Zweck, dass Sie sich bei mir beklagen. Sie
haben meine Tochter angeschuldigt für etwas, was sie nicht getan
hat. Das ist sie nicht gewöhnt. Machen Sie sich keine Hoffnungen:

*Sie wird nie mehr zu Ihnen gehen.» Damit war für Frau Berg eine
Einnahmequelle weg, aber ich nehme an, man hatte ein Halbjahr
im Voraus gezahlt. Auf der Strasse, wenn ich Frau Berg kommen sah,
habe ich mich hinter der Kinderschwester versteckt – damals begegnete man sich ja noch häufiger –; ich konnte sie nicht ausstehen.*

Wenn bisher in erster Linie von Trudy Michel, geborene Schurter,
die Rede war, dann ist das keine Abwertung des Vaters Fritz
Michel, aber auch kein Zufall. Der Umgang mit der tüchtigen,
stilsicheren Mutter – einer Frau mit Ansprüchen und *allure* einerseits und sozialem Gewissen andererseits –, und die enge Bindung
an sie, geprägt von Liebe und Respekt, ist eine der starken Wurzeln, auf die Rosmarie Michel ihre Zukunft bauen darf. Die Liebe
zum Vater ist jedoch ebenfalls da, aber der Vater, Spross einer
etablierten Hoteliersfamilie, ist es nicht, oder zumindest nicht
in dem Ausmass wie die Mutter. Mit ihm verbinden sie andere
Dinge – Aktivitäten, die mit einem Hauch von Abenteuer daher-
kommen, wie zum Beispiel Filme machen oder Auto fahren.

Letzteres hat ihm dann doch noch die Liebe seines Lebens
beschert. Als er Trudy Schurter bittet, seine Frau zu werden, lehnt
sie ab. Der junge Mann, acht Jahre älter als sie, ist als Hotelier mit
internationaler Ausrichtung tätig, und sie möchte Zürich nicht
verlassen. Enttäuscht sucht er Trost im entfernten Ägypten: In
Luxor ist er Direktor der Upper-Egypt Hotels. Doch sie wird ihn
vermissen, so sehr, dass sie nach seiner Rückkehr die Initiative
ergreifen wird …

Nach einem Versuch, sich im Schurterschen Geschäft zu betätigen, zieht es ihn wieder in seinen angestammten Beruf, die
Gastronomie. Er übernimmt als erster Pächter das renommierte
Zürcher Gesellschaftshaus «Zum Rüden». Seine Frau ist einverstanden, auch wenn sie dafür ein Haus mit Seeanstoss in Meilen
verkaufen muss. Hinzu kommt, dass sie jetzt alle Arbeiten für die
Confiserie alleine bewältigen und zusätzlich noch Aufgaben hinter den Kulissen des Restaurants übernehmen muss. Für ihren

Mann ist es jedoch der richtige Schritt, und sie wird ihn unterstützen, bis er Mitte der 50er-Jahre krank wird und nicht mehr voll arbeiten kann.

Mein Vater war der Inbegriff eines korrekten, weltgewandten, international tätigen Hoteliers, immer im dreiteiligen Anzug und mit Hut. Er war ein sehr guter Ehemann, der meine Mutter geliebt und verwöhnt hat, und ein liebevoller Vater. Wir waren eine Vierereinheit, ein kompaktes Team, und wir haben jedes Jahr wunderschöne Ferien zu viert verbracht.

Meine Eltern hatten allerdings sehr verschiedene Interessen, die sie ganz unabhängig verfolgten. So war zum Beispiel meine Mutter eine begeisterte Bergsteigerin, die in den Ferien am liebsten jeden Schweizer Berg erklommen hätte, während mein Vater dem nichts abgewinnen konnte, dafür aber seine grossen, bequemen Autos liebte. Der demokratische Beschluss: Wir Kinder verbrachten in den Bergferien meistens einen Tag mit dem Aufstieg zu irgendeiner Bergspitze – wobei das Einkehren in einer Berghütte natürlich nicht fehlen durfte – und den nächsten in Papis Auto. Da er Cabriolets liebte, wurden mein Bruder und ich «verkleidet», mit eng anliegender Kappe und den sogenannten Staubmänteln, genossen aber sowohl die Fahrt selbst als auch die Aufmerksamkeit, die man dem schönen Auto seitens der Fussgänger entgegenbrachte.

Die andere grosse Leidenschaft meines Vaters war das Filmen, wobei er dort, wie bei den Autos auch, wenn möglich das Neueste haben musste, was an Produkten auf dem Markt war. Diese Liebe zum Technischen habe ich auch von ihm mitbekommen. Am Central gibt es immer noch ein grosses Archiv von Filmen, hauptsächlich von der Familie. Nein, eigentlich hauptsächlich von meinem Bruder. Als ich dann kam, war das Aufregende an diesen filmischen Familiendokumentationen wohl schon vorbei; jedenfalls hat man um mich viel weniger Aufhebens gemacht.

Andererseits: Offenbar hatte mein Vater viel Vertrauen in mich als Autofahrerin. Ich habe sehr früh meinen Fahrausweis gemacht, und ich war die Einzige, die ausser meinem Vater das Auto benutzen

Fritz Michel

Trudy Schurter

durfte. Beide Eltern haben mir vertraut, wenn ich am Steuer sass,
und in späteren Jahren konnte ich meiner gehbehinderten Mutter die
grösste Freude machen, wenn ich sie durch die Gegend chauffierte.

Rosmarie Michel ist auch heute noch eine hervorragende Autofahrerin, egal ob es Links- oder Rechtsverkehr zu bewältigen gilt;
sie hat Mutproben in den verschiedensten Orten auf der Welt mit
Wagen unterschiedlichster Qualität bestanden und wird hoffentlich noch lange nicht auf den geliebten fahrenden Untersatz verzichten müssen. Beim Fahren ist sie grosszügig, flucht nicht und
hält sich im Grossen und Ganzen an die Geschwindigkeitsbe-
grenzungen, aber in Bezug auf ihr Auto kommt eine ihrer Macken
zum Vorschein: Sie erträgt es nicht, wenn jemand in ihrem Auto
hinter ihr sitzt (mit ganz wenigen Ausnahmen), und versucht
ziemlich erfolgreich zu vermeiden, dass sie Leute mitnehmen
muss. Nie würde sie daher ein viertüriges Auto fahren, und wer
sich auf dem Beifahrersitz befindet, ist sich des Privilegs, bei ihr
mitfahren zu dürfen, bewusst. Die Macke hat aber auch eine positive Seite: Wenn sie grössere Strecken alleine fährt, kann sie in
Ruhe über ein anstehendes Problem nachdenken; zur Überraschung aller kommt sie dann meistens ganz entspannt an ihrem
Zielort an, weil sie unterwegs eine Lösung erarbeitet hat.

Die Liebe zum Fahren verbindet sie mit ihrem Vater, der damals schon wusste, wie sehr sich der Charakter eines Menschen
beim Autofahren zeigt: Wenn ein junger Mann sich im Leben
seiner Tochter so weit bewährt hatte, dass er nach Hause eingeladen wurde, musste er schon bald einen Charaktertest beim Autofahren ablegen …

Es ist der Vater, der die Richtung der Ausbildung seiner Tochter bestimmen wird: Sie wird die renommierte Lausanner Hotelfachschule besuchen. Als sie bei der Abschlussfeier einen Preis
bekommt, den die Tochter übrigens eher auf das Renommee der
Hoteliersfamilie als auf ihre Leistungen zurückführt, sieht sie Tränen in den Augen des Vaters. Es wird ihm gut getan haben zu

sehen, wie auch das väterliche Erbgut in den Genen der Tochter
zu finden ist – etwas, was sich dann später bei ihrem von ihm ar-
rangierten Stage im Londoner Hotel Dorchester an der Park Lane
sehr deutlich manifestieren wird. Fritz Michel stirbt viel zu früh
im Alter von 71 Jahren; seine Witwe wird ihn um 26 Jahre überleben, und die liebevolle, wenn auch nicht konfliktfreie Beziehung
zwischen einer autonomen Mutter und einer willensstarken Tochter wird diese Zeit prägen und über den Verlust hinweghelfen.

Es gibt vieles, was an Rosmarie Michel erstaunt. Die meisten
ihrer Aktivitäten und Entwicklungen stehen auf den ersten Blick
in pointiertem Gegensatz zu ihrer Herkunft, Kindheit und Jugend, allen voran die Tatsache, dass sie weltweit tätig sein wird.
Denn dies war ihr wirklich nicht an der Wiege gesungen worden,
und hätte man es dem kleinen Mädchen prophezeit, es wäre wohl
in seinen eigenen Tränen ertrunken. Weinen ist zwar nicht das
operative Wort im Leben von Klein-Rosmarie, aber wenn ihre
Lebensumstände bedingen, dass sie auch nur ein paar Hundert
Meter vom Haus am Central entfernt ist – ohne Eltern oder Kinderschwester –, öffnen sich die Schleusen, die sich erst schliessen,
wenn sie wieder glücklich zu Hause ist.

Sie fasst den Begriff «Heimweh» *sehr* eng, und sämtliche Versuche, ihn zu erweitern, sind zum Scheitern verurteilt. Mit Kinderschwester Anna zu deren Eltern in den Nachbarkanton Aargau
zu fahren ist in Ordnung, solange man am selben Tag wieder
zurückkehrt. Dasselbe gilt für das Haus in Meilen, wo man im
Kreise von Verwandten schöne Sommertage verbringen kann –
das Kind outet sich früh als Wasserratte, lässt sich einfach in den
See plumpsen, um dort mit einem Gummiring stundenlang her-
umzuschwimmen – und das Landleben geniesst, aber eben nur
am Tage: Übernachten kommt nicht in Frage!

Diese Kindheitsphobie nimmt mehrmals dramatische Ausmasse an, und wenn auch die Erwachsene heute selbstironisch
darüber lachen kann, hat die Kleine diese Anlässe alles andere als
lustig gefunden.

Man vergisst es immer wieder, aber die Schweiz hat Anfang der 40er-Jahre eine kurze Bedrohungsphase erlebt, auf die die Regierung mit einer Art Evakuierungskampagne reagierte: Der Bevölkerung wurde geraten, die Städte zu verlassen und sich aufs Land zurückzuziehen. Wer in der Stadt bleiben musste oder wollte, sollte wenigstens nicht in der Nähe von besonders gefährdeten Lokalitäten wie zum Beispiel Industrieanlagen oder Bahnhöfen bleiben. Da das Haus am Central in Spucknähe des Zürcher Hauptbahnhofs liegt, beschliessen die besorgten Eltern, wenigstens ihre Kinder bei Tante Lydia an der Bellerivestrasse hinter dem Opernhaus, also einen guten Kilometer vom Central entfernt, unterzubringen, selbst aber im eigenen Haus zu bleiben. Rosmarie ist inzwischen im frühen Teenageralter, ihr drei Jahre älterer Bruder fast schon ein junger Mann.

Der Onkel und die Tante, beides liebenswerte Menschen, sind nur allzu bereit, die beiden jungen Pensionäre für eine Weile bei sich zu beherbergen, kommen jedoch gar nicht in die Verlegenheit, diese Bereitschaft unter Beweis stellen zu müssen. Nach dem Abendessen bringt man die Kinder in den ersten Stock, wo Betten für sie vorbereitet sind. Das junge Mädchen traut ihren Augen nicht: Sie sollen in diesem Haus SCHLAFEN?! Und schon treten die Tränenkanäle über die Ufer und schwemmen alles hinweg. Man erklärt ihr nochmals in Ruhe, warum die Eltern ihre Kinder in einer weniger gefährdeten Gegend sehen möchten, aber das bewirkt nur einen neuen Höhepunkt: «Wenn meine Eltern sterben, will ich mit ihnen sterben!», schluchzt das Kind melodramatisch. Nun, für diesen Abend ist Sterben kein Thema, weil die Kinder frühestens am nächsten Tag wieder abgeholt werden können. Vor diesem nächsten Tag liegt jedoch noch eine Nacht, und die muss durchgestanden werden. Der Onkel begeht eine Verzweiflungstat: Er nimmt einen Underberg aus dem Schrank und gibt ihn seiner Nichte zu trinken! Wie erhofft, beruhigt sie sich und wird, erschöpft vom Weinen und der Aussicht auf das Sterben, bald müde genug, um einzuschlafen. Am nächsten Morgen geht es zurück ans Central. Die Tränenflut ist vorbei; was bleibt, ist die Erkenntnis, dass man gut beraten ist, sie nicht allzu weit von ihrem Zuhause zu entfernen.

Aber da sind auch noch andere Überbleibsel: Für den Rest ihres Lebens werden die Underberg-Fläschchen sie begleiten, wird deren Inhalt sie beruhigen, ihrem Magen seine Balance wiedergeben – und vor den vielen alkoholfreien Anlässen, die sie als Verwaltungsratspräsidentin eines Unternehmens, das eine alkoholfreie Gastronomie betreibt, durchführen muss, noch einen kleinen Kick geben. Aber noch wichtiger: Nie wird sie das tun, was man so vielen Frauen in Entscheidungsfunktionen vorgeworfen hat: in einem Gremium mit Tränen eine Entscheidung nach ihrem Gusto erzwingen oder auf einen zu ihren Ungunsten in dieser Art reagieren!

Das würde sich auch wohl kaum mit echter Leadership vereinbaren lassen, nicht wahr?

Mit dem Vater auf einem Ausflug.

Liest sie schon den Wirtschaftsteil?

II

Keine zu klein, um eitel zu sein

Die Eitelkeit ist das letzte Kleid, das der Mensch auszieht.
Ernst Bloch

Sie heissen zwar «Preussische Tugenden», aber sie könnten ebenso gut in Zürich entstanden sein: Geradlinigkeit, Fleiss und Sparsamkeit, Gerechtigkeitsbewusstsein und Ordnungssinn, Pflichtbewusstsein und Genügsamkeit sowie Bescheidenheit – darauf halten sich auch die Zürcher etwas zugute. Das preussische Motto «Mehr sein als scheinen» hätte auch von Huldrych Zwingli (1484–1531) stammen können, der als Anführer der protestantischen Reformation einen beträchtlichen Einfluss auf die Zürcher Gesellschaft ausübte. Die Ehe- und Sittengesetze, die er neu und verschärft formulierte, enthielten auch Kleiderordnungen, und die Zürcher des frühen 16. Jahrhunderts taten gut daran, sie zu befolgen.

Die kleine Rosmarie Michel kannte diese Kleiderordnung nicht, und sie hätte sie wahrscheinlich auch für völlig überflüssig gehalten. Tochter eines Elternpaars, das viel auf Qualitätskleidung und gutes Aussehen hielt – sie erwähnt ihren Vater zum Beispiel fast nie, ohne das Adjektiv «elegant» zu gebrauchen –, hatte sie offenbar schon früh ein Gefühl für das mitbekommen, was hübsch und schmeichelnd war. Ihre Beliebtheit und ihr kindlicher Charme treffen nun auf ein gewisses Talent für Manipulation – oder sagen wir, auf ihre schon früh entwickelte Fähigkeit, zu erreichen, was sie will.

Da gibt es die Kniestrümpfe-Episode. Viele Frauen der Generation von Rosmarie Michel werden sich erinnern, wie lästig die langen Strümpfe waren, die man als Kind im Winter tragen musste – lange bevor auch kleine Mädchen ihre Beine mit wärmenden langen Hosen bekleiden durften. Die meisten haben diese unattraktiven, meist kratzenden Dinger gehasst und konnten es kaum erwarten, bis der Frühling sich als verlässlich genug erwiesen hatte, um zu Kniestrümpfen überzugehen. Wenn man die Wahl hatte, fror man lieber an ein paar Tagen und kam mit blauen Knien heim, als dass man bei der wärmenden Kratzhülle geblieben wäre.

Kinderschwestern sehen das meistens anders. Sie sind für die Gesundheit ihrer Schützlinge verantwortlich und versuchen, Leichtsinn und natürlich auch Eitelkeit früh zu bekämpfen. Rosmarie Michel zeigt sich solchen Versuchen gegenüber resistent und lösungsorientiert, wie sie es ihr ganzes Leben lang sein wird. Gleich um die Ecke vom Haus ist ein Kiosk, der von einem netten italienischen Ehepaar geführt wird. Dort stoppt die Kleine auf dem Weg zur Schule, den sie mit langen Strümpfen antritt, aber mit Kniestrümpfen beenden wird: Schnell und geschickt wechselt sie die langen Strümpfe gegen die mitgenommenen Kniestrümpfe aus und wiederholt dann diese Handlung in umgekehrter Form, kurz bevor sie wieder nach Hause kommt – dies alles unter den wohlwollenden Augen des Kiosk-Ehepaars, die der listigen Kleinen meistens noch eine Süssigkeit zustecken.

Nur einmal fällt der Kinderschwester auf, dass das Kind mit zerschundenen Knien, aber heilen langen Strümpfen nach Hause kommt … Die Kleine kommentiert dies mit der Bemerkung, dass sie beim Turnen gestürzt sei.

Keine zu klein, um eitel zu sein, und wenn sie ihr Leben lang zu den gut gekleideten Geschäftsfrauen gehört hat, dann scheint sie dieses kleine Laster mit ins Erwachsenenleben genommen zu haben, wobei sie später natürlich auf jegliche Manipulation verzichten kann. Aber als Kind erweist sie sich als ausgesprochen clever, wenn es um die Kleidung geht.

Ein an sich grosszügiger und liebevoller Vater begleitet ab und zu die Familie beim Einkaufen – etwas, was die Mutter nervt und daher schon bald einmal aufhört. Einmal geht es um einen Schuhkauf für die zehnjährige Tochter. Das Paar, das zur Diskussion steht, kommt in aufregendem Schweinsleder-Beige und in langweiligem Braun. Die Kleine freut sich offensichtlich an dem Dunkelbeige, der Vater hingegen findet, das praktische Dunkelbraun würde es «für jeden Tag» auch tun. Wer zahlt, befiehlt bekanntlich: Man geht also mit den dunkelbraunen Schuhen nach Hause. Am nächsten Tag geht das Kind zum Schuhgeschäft und erklärt strahlend: «Also, wir würden die Schweinsledernen auch noch nehmen.» Offenbar ist dort niemand auf die Idee gekommen, diese Aussage anzuzweifeln. Ein glückliches Kind kommt nach Hause, wo die Mutter über die Cleverness ihrer Tochter lachen muss, der Vater allerdings weniger amüsiert ist. Er schimpft – doch sie darf die Schuhe behalten und wird die Heissgeliebten extra lange tragen.

Schliesslich: Eine ernsthafte Bronchitis schwächt die Kleine so sehr, dass die Familie beschliesst, sie zur Erholung nach Flims in ein Kinderheim zu schicken. Die Eltern sind beruflich besetzt und können sie nicht selbst hinbringen, also wird sie von der Kinderschwester gebracht. Die Gouvernante des Heims nimmt sie in Empfang, bringt sie in ihr Zimmer und hilft ihr beim Auspacken. Seltsamerweise scheint sie von Kinderkleidung nicht viel mitbekommen haben, denn sie fragt die Kleine: «Welches sind jetzt deine Kleider für jeden Tag und welches die Sonntagskleider?» Wer so blöd ist, muss beschwindelt werden: Das Kind wird ihren Aufenthalt hauptsächlich in den Sonntagskleidern bestreiten.

Vorher aber bricht auch hier das unheilbare Heimweh wieder aus: *Ich wurde auf der Stelle todkrank, und die Leiterin des Heims musste bei mir im Zimmer schlafen, was ich gar nicht mochte. Jeden Abend sangen die Kinder unten «Guter Mond, du gehst so stille …», und ich heulte oben die Kopfkissen voll.* Dennoch muss man sich so gut um sie gekümmert haben, dass sie sich mit dem Aufenthalt aussöhnt. Später wird sie, als wache und intelligente 12-Jährige, nochmals freiwillig dorthin zurückkehren: Es ist Kriegszeit, und es gibt Lebensmittelcoupons, die abgerechnet werden müssen.

Zahlen und Rechnen haben offenbar schon der Kleinen gelegen, und so bringt sie schnell und effizient Ordnung in die Abrechnungen und – ihre spätere Begabung zeigt sich hier schon deutlich – stellt den Wochen-Menüplan zusammen. Familientraining und Berufung gehen hier eine beeindruckende Verbindung ein.

Damit kein falsches Bild entsteht: Die spätere Wirtschaftsfrau wird zwar grossen Wert auf Qualität und Eleganz in Sachen Kleidung legen, aber nie wird eine Überlegung in dieser Richtung ihre Aktivitäten, die oft unter schwierigen und zum Teil gefährlichen Umständen durchgeführt werden, stören. Es ist keine ausgewachsene Eitelkeit, sondern eher ein Kokettieren mit der Eitelkeit plus Qualitätsbewusstsein. Sie wird später eine Meisterin im Kofferpacken werden, bei dem sie sich auf höchstens zwei Farbkombinationen beschränkt und wenige, aber qualitativ hochstehende Produkte, die sich alle kombinieren lassen, so in den Koffern und Taschen unterbringt, dass sie am anderen Ende der Welt fast immer unzerknüllt und sofort brauchbar wieder herauskommen. Sie weiss genau, was ihr steht, und hält sich daran, und da auch zu Hause der Kleiderschrank sehr gut organisiert ist, sind Garderobenfragen kein Thema. Gesegnet mit einer wunderbaren Haarqualität, kann ihr auch der afrikanische Coiffeur nichts anhaben – sie wird also für ihre ausgedehnte Reisetätigkeit in dieser Hinsicht ideale Voraussetzungen mitbringen.

Wie entsteht «Leadership»? Dieses Buch wird kein Rezeptbuch sein, kein «How to»-Handbuch, das eine Frage wie «Wie werde ich ein Leader?» beantwortet. Aber es versucht, Bausteine zu diesem Führungskonzept zusammenzutragen.

Einer davon ist, neben der Verwurzelung in der Familie, ihre Geburtsstadt: Zürich ist eine Stadt, die sich selbst oft und gerne als «puritanisch» bezeichnet. Heute wird sie international häufig als «Erlebnis-Stadt» gehandelt, aber wenn sie auch auf dem Gebiet zugelegt hat, so ist der Kern des Selbstverständnisses immer noch eher die Nähe zum Puritanismus als zu irgendeiner «Szene». Die Puritaner des englischen 17. Jahrhunderts waren religiöse Fundamentalisten. Wenn wir an «puritanisch» denken, kommen uns aber in erster Linie Adjektive wie «einfach», «schmucklos» oder «bescheiden» in den Sinn. Die Zürcher Architektur zum Beispiel illustriert dies: bestes Material in den Bauten, aber so verarbeitet und geformt, dass es nicht auffällt.

Hamburger und Zürcher sind bekanntlich Fans der jeweils anderen Stadt, und der Lübecker Thomas Mann hat sich nicht umsonst in Zürich so wohlgefühlt. Die Menschen im Norden Deutschlands und die Zürcher haben viele Gemeinsamkeiten: Sie sprechen weder von Erfolgen noch von Geld; sie arbeiten gut und verlässlich; sie tun, was angesagt ist, ohne viel Aufhebens davon zu machen, und sie üben sich in Bescheidenheit oder, wie man heute auf Neudeutsch sagen würde, im *understatement*.

Umso mehr beeindruckt es dann, wenn eine Zürcherin ins Schwärmen gerät, wie es Rosmarie Michel tut, wann immer sie über ihre Schulzeit und die Bildung redet, die sie an ihrer Schule geniessen durfte. Neben der Erfahrung einer intakten (Gross-)Familie im puritanischen Zürich ist die Schulzeit die zweite wichtige Säule des Leadership-Fundaments.

Was war denn so besonders an dieser Schule? Die Mädchenschule, liebevoll «Töchti» genannt, auf der Hohen Promenade thront über dem Stadtkern und erlaubt den Blick in die Weite, über den See, zu den fernen Bergen, auf deren anderer Seite eine andere Welt liegt. In der Nähe gab es ein Knaben-Gymnasium, und man traf sich in den Pausen oder nach der Schule am «Pfauen», international bekannt heute durch zwei Zürcher Institutionen, das Kunsthaus und das Schauspielhaus. In der Ferne aber, also während des Unterrichts, gab es die grosse, weite Welt, auf die es die jungen Mädchen vorzubereiten galt. Die Schule bot ihnen Raum – Raum für ihr Vorstellungsvermögen, für ihre Denkschulung, für ihre Wissensaufnahme, Raum für die eigene Entwicklung wie auch für das Bewusstsein eines sozialen Gefüges:

Wir konnten uns so entwickeln, dass wir alle ein Stück Bildung mitnahmen. Es war selbstverständlich, Musik zu machen, Theater zu spielen oder über Homer zu diskutieren, aber Technik und Fragen der modernen Literatur hatten genauso ihren Platz in Curriculum und Diskussion.

Die Wissensvermittlerinnen und -vermittler waren zum Teil Koryphäen auf ihrem Gebiet, wie der Altphilologe Felix Busigny, die berühmte Literaturkritikerin Elisabeth Brock-Sulzer oder die Italienerin, die das verbindliche Grammatikbuch für ihre Sprache geschrieben hat: Luisa Alani. Aber sie dozierten nicht nur, sie waren auch Mitspielende im Theater oder machten Musik; sie scheuten sich nicht, an Schulanlässen beim *Catering* mitzumachen oder sogar abzuwaschen. So entstand eine Gemeinschaft, die dem eigentlichen Lernen wie auch der Entwicklung eines Zugehörigkeitsgefühls zuträglich war.

Die Schule war Teil meines Weges, der nicht mit einer Planung, sondern mit einer Absichtserklärung begonnen hat: Der erste Aufsatz, für den ich die bestmögliche Note bekommen habe, hatte den Titel «Was möchte ich werden?» – Nun, das wusste ich ganz genau, und ich habe das offenbar auch sehr klar formuliert: entweder eine Geschäftsfrau – so nannte man damals eine Unternehmerin – oder Mutter einer Grossfamilie. Das Modell meiner Kindheit mit diesem grossfamiliären Umfeld hatte mich so beeindruckt, dass dies auch mein Modell werden sollte.

Damals offenbar schon eine Pragmatikerin, hat sie gleich eine Alternative eingebaut, und als sich abzeichnet, dass es die Grossfamilie nicht werden soll, kann die Unternehmerin auf den Wurzeln von Kindheit und den Erfahrungen der Schulzeit aufbauen:

Die Hohe Promenade war für mich wie eine zusätzliche Dimension in meinem täglichen Leben. Ich hatte bereits einen gewissen Bildungszugang in meiner Familie; man hat auch zu Hause über Kultur gesprochen – meine Eltern waren viel auf Reisen gewesen, und so war es zum Beispiel dank meinem Vater und seiner Funktion als

Hoteldirektor in Luxor für uns selbstverständlich, dass wir mit den ägyptischen Bauten vertraut waren; damals war gerade auch die Tutanchamun-Maske entdeckt worden. Oder mein Vater erzählte vom ersten Flug über das Mittelmeer des Schweizer Piloten Walter Mittelholzer mit einem Doppeldecker, der ganz in der Nähe des Hotels gelandet war – sozusagen Geschichte für den täglichen Gebrauch.

Was jetzt aber in der Schule dazukam, war eine erweiterte Basis von Einsichten, warum das alles, worüber wir gesprochen hatten, so war. Wir bekamen ein vernetztes Kulturverständnis, das bei mir bis in die heutige Zeit angehalten hat. Wir lernten, den Kontext zu verstehen, in dem etwas abläuft. Wir bekamen Antworten auf solche Fragen wie «Was müssen wir ändern?» oder «Was können wir übernehmen?» und konnten so auch unser politisches Denken schulen.

Unsere Lehrkräfte waren nicht nur hoch qualifiziert, sondern auch ganzheitlich involviert, und ihr Wissen war beeindruckend. So war unser Latein- und Griechischlehrer, Felix Busigny, auch ein begnadeter Altertumsforscher, der dieses Wissen sowohl bildhaft als auch emotional zusammenfassen konnte.

Der Schulabschluss ist das Ende einer reichen Zeit, für die Rosmarie Michel ihr Leben lang dankbar sein wird. Es ist nur folgerichtig, dass ihr erstes Mandat in Bezug auf Führung, Kommunikation und Öffentlichkeitsarbeit der Vorsitz des «Vereins der Ehemaligen» sein wird: Für sie ist es eine Möglichkeit, sich für die umfassende Ausbildung erkenntlich zu zeigen.

Die Abschluss-Schulreise geht – eher ungewöhnlich für die damalige Zeit – ins Ausland.

Wir waren die erste Klasse, die ihre Maturareise ins Ausland machte: nach Venedig. Sechzehn hübsche junge Frauen und drei Lehrkräfte, die alle Mühe hatten, die Italiener im Zaum zu halten; Märkte, Menschen, Landschaften, Kunstwerke – was für ein Eindruck!

Wohnen sollen die wohlbehüteten jungen Damen in einem Kloster, das Gäste aufnimmt. Dagegen hat an sich niemand etwas
einzuwenden; doch gibt es da ein Problem: Die zuständige Nonne
informiert, dass das Kloster abends um 20.00 Uhr seine Pforten
schliesst.

Man hat mich delegiert, um mit dieser Nonne zu verhandeln.
Ich habe ihr erklärt, dass wir den Markusplatz unbedingt im Abend-
licht studieren müssten, und gefragt, ob sie da eine Möglichkeit sähe.
Die einzige Art, das zu bewerkstelligen, meinte sie, sei, dass sie dann
aufbleiben müsse, bis wir nach Hause kämen. Daraufhin habe ich
alle Leckereien, die die Mädchen von zu Hause mitgebracht hatten,
zusammengesammelt und ihr als «Müschterli» aus der Schweiz ge-
geben. Sie hat dann ohne Schwierigkeiten bis Mitternacht ausge-
harrt …

Die Bereicherung solcher Erfahrungen wird ihr späteres Berufsleben prägen: In den meisten Krisen wird sie einen Weg finden – gemeinsam mit den Opponenten, wenn möglich –, und sie
wird ziemlich schnell wissen, wann sie die Süssigkeiten hervorholen und wann ihre Stimme diesen sehr bestimmten Ton annehmen muss, um zum Ziel zu kommen. Nie wird sie das Mandat
suchen müssen, denn immer hat sie ein Umfeld, das in ihr die
Leader-Figur erkennt und ihr die Führung anträgt.

Die Schule hat für so vieles bei mir den Grundstein gelegt: Ich
habe alle Grundlagen erhalten, um aufbauen, entwickeln und –
ganz wichtig – geniessen zu können. Die Schönheiten dieser Welt
wurden uns auf diese Weise vermittelt, wir konnten sie aufnehmen,
und das wurde zu einer reichen Basis für die Zukunft.

Nachdem die schöne Zeit vorbei ist, stellt sich die Frage: «Wie geht
es weiter?» Die Familie findet, die Tochter solle noch, nach be-
währtem Muster, ihre Sprachkenntnisse im französischsprachi-
gen Teil der Schweiz vertiefen. Sie soll also, so findet die Mutter,
in ein welsches Pensionat geschickt werden. Da aber legt die Toch-

ter ein Veto ein: Sie ist jetzt neunzehn Jahre alt und möchte definitiv nicht in ein Pensionat, sondern auf die renommierte Hotelfachschule in Lausanne. Fünfzehn Generationen von Hoteliers auf der väterlichen Seite lassen grüssen … Papa ist begeistert und nimmt die Anmeldung vor, die mit dem Namen «Michel» kein Problem darstellt – schliesslich war jemand in seiner Familie Mitbegründer dieser Institution, deren Ziel es ist, Interessentinnen und Interessenten aus aller Welt aufzunehmen und sie als bestausgebildete Hoteliers dann wieder in alle Welt hinauszuschicken.

Die Heimwehkranke nimmt Abschied von der Kinderschwester, die mehr als zwanzig Jahre Teil der Familie war («Wir haben beide schrecklich geheult!»), steigt in Papas Auto und fährt mit der Familie nicht nur nach Lausanne, sondern in die Eigenständigkeit. Es ist ein Ausbrechen aus den Familienbanden, die hie und da auch zur Fessel werden konnten.

Ich habe in einem sehr bescheidenen Zimmer gewohnt, bei der Witwe eines «Chef du Gare». Dort gab es nur kaltes Wasser zum Duschen, ausser am Samstag, wenn man ein Bad nehmen durfte. Die Dame war sehr gesprächig und versuchte immer, mich in eine Unterhaltung zu verwickeln. Dann rief sie vom Flur aus: «Rosmarie, vous êtes là?», und ich antwortete jeweils: «Oui, je travaille», obwohl ich einen Roman las oder mich sonst mit etwas vergnügte. Schwierig wurde es, wenn ich das Haus verliess, denn sie wachte über die Ausgangstür. Zum Glück war das Zimmer im Parterre, und ich bin oft durchs Fenster ein- und ausgestiegen. Aber trotzdem: Wir haben einander gemocht.

Die junge Fachschulstudentin ist nicht gewillt, sich die neu erworbene Freiheit einschränken zu lassen. Die Stadt am Lac Léman hat so viel zu bieten; die Mitstudenten sind Söhne aus internationalen Hoteliersfamilien, die sich um die Studentinnen, die nur rund zehn Prozent der Klassen ausmachen, reissen. Die junge Zürcherin tanzt für ihr Leben gerne, und Lausanne hat auch auf diesem Gebiet ein grosses Angebot. Plötzlich ist sie nicht nur der

Kontrolle der Familie, so liebevoll sie auch ausgeübt worden war, entronnen, sondern auch befreit von den Familienpflichten: keine Sorgen mit den Mitarbeitenden und keine Nachmittage im Geschäft, wie sie sie während ihrer Schulzeit öfter verbracht hat, sondern ausgiebiges Geniessen der Abende in charmanter Gesellschaft und eigenständige Gestaltung der Wochenenden. Sie ist eine begehrte Tänzerin, jung und voller Energie:

Ich stieg also durchs Fenster nach draussen, bin nachts nach Hause gekommen und dann schon bald wieder aufgestanden, um zum Unterricht zu gehen. Ich war gut in der Schule, egal wie wenig ich geschlafen hatte; der Unterricht fand auf Englisch oder Französisch statt. In beiden Sprachen konnte ich mich gut ausdrücken. Ich genoss die Freiheit, die selbstständige Wochengestaltung. Meine Eltern hatten zwar Verständnis dafür, dass ich diesen Heimweh-Tick hatte, aber dieses Verständnis ging nicht so weit, dass ich übers Wochenende hätte nach Hause dürfen; dies war nur in den Semesterferien erlaubt.

Natürlich hat die junge Frau aus gutem Hause ihren Eltern keine Schande gemacht …

Bei Schulabschluss hat sie den Unterbau in einem Beruf erlernt, dessen Praxis sie bereits in der Familie erlebt hat. Sie weiss jetzt, wie man ein Hotel führt, wie die Kalkulation aussieht, wie man die Küche managt usw., aber nun muss sie dieses theoretische Wissen selbst in der Praxis anwenden, um wirklich zu wissen, worum es hier geht. Gerne möchte sie jetzt zuerst einmal einen Stage in Zürich machen, und sie beginnt ihn im Hotel Glockenhof. Die Tochter aus guter Familie ist den meisten anderen ein Dorn im Auge, ganz besonders der Gouvernante, obwohl sie genauso arbeitet wie alle anderen. Die sehr tüchtige, aber auch sehr strenge Gouvernante ist ihre Vorgesetzte, und sehr bald schon ergibt sich für die junge Stagiaire eine Gelegenheit, ihre Auffassung von Recht und Unrecht klarzumachen:

Eines Tages hat sie mir befohlen, einen schlechten Sassella mit einem guten Veltliner zu mischen, damit man den Sassella besser verkaufen könnte. Ich sagte, dass ich dies nicht tun würde – nicht zuletzt, weil der Mix von einem schlechten und einem guten Wein wiederum einen schlechten ergeben würde. Sie hat mir das nicht geglaubt und ein Riesentheater gemacht. Ich habe sie gebeten, beim Direktor zu melden, dass ich so etwas nicht tun würde, damit diese Sache nicht mir angelastet würde.

Sie hat mir einmal gesagt, ich sei die Dümmste, die ihr je begegnet sei; abgesehen davon, dass diese Bemerkung eher eine Evaluation ihrer eigenen Intelligenz war, habe ich dann erfahren, dass ich die Einzige war, die die ganzen sechs Monate Stage ausgehalten hat; meine Vorgängerinnen hatten immer schon viel früher das Handtuch geworfen.

Das wäre allerdings in meinem Fall wohl nicht gut gegangen; bei mir zu Hause hat man gesagt: «Du spielst dann bitte nicht ‹verwöhnte Tochter›, sondern machst alles, was angeordnet wird. Wir möchten keine Klagen hören.» So habe ich von morgens 6.00 bis abends 10.00 Uhr gearbeitet, dann nach Hause unter die Dusche und danach häufig noch ausgegangen – und dies für einen Monatslohn von Fr. 180.–.

Auch diese Episode in ihrem Leben geht zu Ende, und – Heimweh hin oder her – der Wunsch, eigene Erfahrungen in einem anderen Land zu machen, wird immer stärker. Nach zwei Jahren, in denen sie im mütterlichen Geschäft gearbeitet und ihren ersten echten Liebeskummer durchlebt hat, ist es so weit: Die Wahl fällt auf London und auf eines der weltbesten Hotels, das Dorchester. Dort ist ein Freund des Vaters Direktor, dort wird sie als Trainee engagiert, und dort vollendet sie, ohne es zu wissen, den letzten Abschnitt der Vorbereitungen auf die Aufgaben, die auf sie warten.

Wenn die 25-Jährige nach Zürich zurückkommt, wird sie gerüstet sein *für das Leben, denn es gibt keine bessere Lebensschulung als ein Hotel.*

Meerjungfrau in Kopenhagen.

Tanzen – eine grosse Leidenschaft.

III

Übung im Weitsprung

Make no small plans. They have no power to stir the blood.
Dr. Lena Madesin Phillips[2]

Die Zeit war reif für den grossen Wechsel, und Rosmarie Michel war es auch; als Nächstes war eine Übung im Weitsprung angesagt: Im Frühjahr 1956 verlässt Rosmarie Michel Zürich, um einen einjährigen Stage in London anzutreten. Das war mehr als eine Schule in einer anderen Stadt, aber im eigenen Land; da waren die Fremde, eine andere Sprache, andere Lebensgewohnheiten, ein unbekanntes Umfeld. Hier war es ziemlich egal, ob sie die behütete Tochter aus gutem Hause war – das «gute Haus» war hier unbekannt, ihre sehr guten Schulabschlüsse interessierten niemanden, und 1956 gab es keine Billigflüge, die einen in ein paar Stunden wieder nach Zürich brachten. Sie wollte ein Zeichen setzen, aber es war mehr als das: Es war die organische Entwicklung im Leben einer jungen Frau, die wusste, dass die Zeit gekommen war, um diesen Schritt der Abnabelung zu tun.

Das Dorchester ist die Art von Hotel, in dem ihr Vater tätig war und in denen ihre Eltern abstiegen. Sie kommt jetzt als Trainee, im Status einer lernenden Angestellten also, mit einem Salär von £ 2,5 pro Woche. Das «Tochter aus gutem Hause»-Image bringt sie so schnell nicht weg; der Londoner Taxifahrer fährt die junge Frau jedenfalls vor den Haupteingang des Hotels – nicht zuletzt, weil er sich Hotelangestellte, die mit Überseekoffer anreisen, wohl nicht vorstellen konnte. Daraufhin geht sie ins Hotel

2 Amerikanische Anwältin, die 1930 in Genf «The International Federation of Business and Professional Women» gründete.

und gibt immerhin zu verstehen, dass sie fürchtet, nicht den richtigen Eingang benutzt zu haben. Nein, natürlich nicht. Aber mit dem Schrankkoffer ist sie auch am Personaleingang fehl am Platz, also schleust man sie durch den Eingang zum Ballsaal. Was für ein Eintritt!

Dies ist allerdings das letzte Mal, dass ihre Herkunft bei ihrer Tätigkeit eine Rolle spielen wird. Von jetzt an widmet sie sich ganz der Aufgabe, die vor ihr liegt: das Hotelwesen *à fond* kennenzulernen. Sie möchte etwas leisten, möchte der Familie beweisen, dass sie etwas kann, und ganz nebenbei die Erinnerungen an den Mann, der ihren ersten grossen Liebeskummer verursacht hat, loswerden. London wird die echte Abnabelung sein, und sie ist innerlich bereit dazu.

Seltsam, nicht wahr? Die Ach-so-Heimweh-Geplagte weiss gar nicht mehr, was Heimweh ist – das Gefühl, das sie so oft überwältigt und die Tränenschleusen geöffnet hat, ist wie weggeblasen. Das Töchterchen, das sich gerne hat verwöhnen lassen, möchte auf einmal nicht mehr dem Elternhaus auf der Tasche liegen, sondern selbstständig ihr Geld verwalten – und «ihr Geld» bedeutet hier genau das, was ein Trainee verdient. Das heisst unter anderem:

Ich habe natürlich in der Stadt nur normale Verkehrsmittel benutzt und nie mehr als die Teilstrecke für den ersten Tarif gelöst, den Rest bin ich dann gelaufen. Als ich nach Hause kam, musste ich sämtliche Schuhe zur Reparatur bringen; überall waren Löcher in den Sohlen. Dafür habe ich London zu Fuss kennengelernt, viel mehr gesehen, als wenn ich Taxi gefahren wäre, und mein Monatssalär habe ich so gut verwaltet, dass ich sogar noch vieles von dem grossartigen kulturellen Angebot – Theater, Musik, Museen – geniessen konnte.

Sie ist jetzt eine von den 350 Mitarbeitenden, die sich um 200 Gäste kümmern. Sie ist selbstbestimmt und kann ihre freie Zeit an Orten ihrer Wahl und auf die Art verbringen, wie es ihr zusagt.

An dem einzigen freien Tag pro Woche fährt sie dann mit der «Green Line», einem ausgedehnten Verkehrsnetz, in andere Städte; dabei besichtigt sie berühmte Burgen, Gärten, Bibliotheken – und natürlich auch Kathedralen. Als sie einmal in Windsor mitten in eine Messe gerät, ist sie etwas erstaunt, dass die Menschen, die eben noch auf Augenhöhe neben ihr sassen, plötzlich ganz klein geworden sind: Sie beten kniend. Rosmarie Michel ist es peinlich, als Einzige in Normalgrösse dazusitzen; sie geht in die Hocke und harrt aus, bis das Gebet vorbei ist; erst dann entdeckt sie unter dem Sitz vor ihr das Kissen, das für diesen Zweck vorgesehen ist. Es ist ein ständiger Lernprozess – im Kleinen wie im Grossen –, aber auch eine Zeit voller neuer, aufregender Erlebnisse.

Eines Abends läuft sie zurück ins Hotel, von Westminster Abbey in die Park Lane. Hinter ihr Schritte, als sie am St. James' Park entlangläuft – Schritte, die beharrlich auch hinter ihr bleiben. Sie hat zwar keine Angst, aber sie schielt ein wenig nach links, was der junge Mann, der zu den Schritten gehört, als Aufforderung nimmt, sie anzusprechen. Er will sie nicht überholen, sondern nur mit ihr sprechen. Er stellt sich vor, ganz korrekt; kommt aus den Vereinigten Staaten, um seine verheiratete Schwester in Cornwall zu besuchen, und macht einen fünftägigen Stopp in London. Ob sie London gut kennt und ihm helfen könne? – Nein, eigentlich nicht. Aber man kommt ins Gespräch. Auch sie erwähnt ihren Namen und ihr Herkunftsland. Ob er sie dorthin begleiten darf, wo sie wohnt? – Nein, eigentlich auch nicht. «Park Lane» als Strassennamen lässt sie sich noch entlocken, mehr aber nicht. Danke und adieu!

Das Adieu entpuppt sich als ein «Auf Wiedersehen». Am nächsten Tag nämlich wird für den Trainee aus der Schweiz ein wundervoller Rosenstrauss im Dorchester abgegeben, mit Dank für die Konversation des Vorabends und einer Einladung zu einem Opernabend. *Er muss mir gefolgt sein, ohne dass ich es gemerkt habe, denn ich habe das Hotel nie erwähnt,* meint sie, immer noch schmunzelnd. Natürlich fühlt sie sich geschmeichelt und sagt zu:

Es war ein Gastspiel der Münchner Staatsoper, und man gab «Siegfried» in deutscher Sprache; ich habe in den Pausen für die drei Reihen vor und hinter mir übersetzen müssen. Die restliche Zeit haben wir dann Ausflüge gemacht, Kultur genossen oder sind essen gegangen. Ich habe jede freie Minute dieser fünf Tage mit ihm verbracht – es war einfach eine schöne Erinnerung. Nicht mehr und nicht weniger.

Und das war es dann wohl auch. Bedauern, dass es nur so kurz war? Nein. Ein Flirt? Nicht einmal das. Was soll sie auch mit einem Amerikaner zum jetzigen Zeitpunkt? *Zu jener Zeit war ich wohl ins Alter der Paarung geglitten. Ich habe aber weniger interessierte oder interessante Partner gefunden, sondern viele potenzielle Schwiegermütter, die in mir die ideale Schwiegertochter sahen.* Heiraten ist nicht das Thema der Stunde (schon gar nicht käme dafür der Nachtportier in Frage, dem es die Schweizerin angetan hat); der berufliche Lernprozess steht im Vordergrund. Und der ist umfassend und wird für sie eines der wichtigsten Teile im Leadership-Puzzle sein …

Als Alleinstehende ist es ihr egal, wann sie ihren freien Tag nimmt; sie macht also oft und gerne Sonntagsdienst und ist dann als Gouvernante für acht Stockwerke alleine verantwortlich. Da gibt es viele Geschichten von ganz berühmten Gästen, die sich zum Teil ganz unmöglich aufgeführt haben; die Gäste des Dorchester sind gewöhnt zu bekommen, was sie wollen, und einige männliche Gäste sind überrascht, beleidigt oder wütend, wenn ihre eindeutig-zweideutigen Angebote bestimmt, aber höflich abgelehnt werden. Dann aber sind da auch Menschen, die sich trotz Berühmtheit und Status als ganz umgänglich herausstellen, vielleicht einsam sind und sich gerne ein wenig mit der sehr korrekten jungen Schweizerin unterhalten.

Auf der anderen Seite des Spektrums sind die Mitarbeitenden, die ihr unmittelbar unterstellt sind: die sogenannten *bath women*. Sie reinigen die Badezimmer und verrichten andere gröbere Arbeiten. Bei ihnen lernt sie unter anderem, sich mit ganz verschiedenen Typen von Englisch zu arrangieren, denn diese Frauen sprechen entweder unverfälschtes Cockney oder kommen aus Irland mit einem Englisch, das für Schweizer Ohren fast nicht verständlich ist. Aber die erdgebundenen Frauen glänzen mit Mutterwitz und mögen die junge Schweizerin, die selbst über einen guten Sinn für Humor verfügt, und man arrangiert sich irgendwie in Bezug auf die Sprache.

In diesem Hotel zu arbeiten hat mir so viel gebracht – ich kann nur dankbar sein für diese Erfahrung! Hotelverantwortliche sind 150 prozentige Dienstleister; 24 Stunden pro Tag dreht sich alles um den Gast. Das kann in der Atmosphäre eines Bienenhauses stattfinden oder in der eines Hexenkessels. Die Nacht wird zum Tag, die Planung kann zum Chaos werden, wenn jemand Wichtiges unangemeldet erscheint oder ein anderer Gast trotz Reservierung einer Suite und einer nicht enden wollenden Liste von Sonderwünschen nicht erscheint.

Die theoretische Ausbildung in Lausanne war zwar eine gute Grundlage, hätte aber ohne die Praxis längst nicht genügt, um in diesem Beruf gut zu sein. Rosmarie Michel weiss zwar immer noch nicht, was genau sie werden will, aber sie kombiniert die Theorie mit viel praktischer Arbeit, hört zu, sieht hin, lernt ständig dazu. Gewisse Talente bringt sie schon mit, andere Ansätze entwickelt sie – es ist ein echtes *learning by doing:*

Nach und nach habe ich alles wahrgenommen: wann die Türe aufging, wer hereinkam, was am Sitzungstisch passierte – man muss mehr als zwei Augen und zwei Ohren haben. Ich habe immer gesehen, wo etwas fehlte, zum Beispiel im Service oder in der Kommunikation. Man kann diese Art von Wahrnehmung schulen, aber man kann auch dankbar sein, wenn man in dieser Richtung vorbelastet ist, denn dieser Bereich ist so wichtig.

Und dann der Bereich der Kommunikation, besonders angesichts der sozialen Unterschiede! Ich habe schnell begriffen, dass es nur ei-

nen Weg gibt, wie man da durchkommt: Für mich waren alle gleich, die Gäste, das Management, die bath women, *und ich habe versucht, immer höflich und korrekt, aber auch bestimmt aufzutreten – wenn es zu Sprachschwierigkeiten kam, tat es oft auch nur ein Lächeln.*

Das ist alles eine Frage des Trainings, das wird einem nicht in die Wiege gelegt, aber dieses Training ist mir später sehr zugute gekommen.

Das kann man wohl sagen. Noch heute sieht sie «alles» – jede kaputte Glühbirne in einer Hotelhalle, jedes unvollständige Besteck auf einem Nebentisch im Restaurant; sie sieht, wo ein Aschenbecher oder ein Glas fehlt – nicht immer einfach für diejenigen, für deren Arbeit sie am Ende verantwortlich ist, aber sehr eindrücklich und hilfreich, wenn man daran denkt, dass sie fast ein halbes Jahrhundert ihr Café und ihre Confiserie geführt hat. Und noch heute ist sie eine hervorragende Kommunikatorin, egal in welcher Sprache, in welchem Land, mit welchen Menschen, und das ist – abgesehen von den wirklichen Lösungsvorschlägen, die ihr gewöhnlich rechtzeitig einfallen – in erster Linie eine Frage der verbalen und nonverbalen Kommunikation.

Learning by doing ist eine Art Lebensmotto; sie eignet sich nicht so gut als Befehlsempfängerin, ist also nur bedingt brauchbar für erzieherische Versuche, die mit «Du musst …» anfangen: *Der Lernprozess war bei mir immer eine Folge von Umständen, wo Menschen mich geführt, beeinflusst oder mitgenommen haben. Ein Beispiel ist diese «No sports!»-Angelegenheit. Ich wusste schon früh, dass mich Sport, mit Ausnahme von Schwimmen und Tanzen, nicht sonderlich interessiert, aber Mami und Papi denken da ja oft anders: Sie fanden, es gebe gewisse Sportarten, die man einfach ausüben muss. Bei meiner Mutter war das Tennis, bei meinem Vater Skilaufen.*

Beim Skifahren war ich aber eine absolute Niete, bis ich einen didaktisch begabten Skilehrer fand. Der erzählte mir nicht, was ich tun musste, sondern motivierte mich, ihm einfach nachzufahren. Ich

erkannte beim Hinterherfahren die richtigen Schwünge, die richti-
gen Tempi, die richtige Haltung – und dann war es kein Kunststück
mehr, unten heil anzukommen.

Meine Mutter hatte dieses Muster etabliert. Wenn ich sie fragte,
wie ich etwas machen sollte, war die Antwort: «Du kannst ja ‹lue-
ge›!» Das Motto der Schweizer Polizei für Erstklässler, die zum ers-
ten Mal in ihrem Leben alleine die Strasse überqueren müssen, hät-
te von ihr kommen können: «Luege, lose, laufe.»[3] *Dazu kam ein*
Urvertrauen, dass ich «wohl schon heil unten ankommen würde»
und danach in der Lage wäre, das zu tun, was ich zu tun hatte.

Es hat immer Menschen in meinem Leben gegeben, die Men-
toring auf dieser Ebene betrieben und mich auf diese Weise gefordert
und gefördert haben. Ich betrachte das als absoluten Glücksfall.

England wird immer einen besonderen Platz in ihrem Leben ein-
nehmen. Später wird sie sogar in London ein Büro haben und
regelmässig hin- und herfliegen, und noch heute ist ein Wochenende in London eine Rückkehr in eine ihr vertraute Umgebung,
auch wenn der Reisegrund ein Besuch in der Tate Modern ist, die
damals noch eine Industrieanlage am Ufer der Themse war. Vorerst aber ist es die Gastfreundlichkeit der Engländer, die sie beeindruckt. Kommunikation ist auch hier wieder der bestimmende
Faktor: Wenn sie eine Kirche anschaut, kommt innerhalb von
fünf Minuten der Sakristan oder eine Kirchenbesucherin auf sie
zu und beginnt ein Gespräch mit ihr. Sie kann sehr gut fragen,
und die Menschen sind nur zu bereit, ihre Fragen zu beantworten.
Die Engländer, so findet sie, geben einem nie das Gefühl, fremd
zu sein. So wird sie später auch Irland erleben und Neuseeland.
Vielleicht hat es etwas damit zu tun, dass wir es hier mit Insulanern
zu tun haben; Inselbewohner freuen sich, wenn sie Besuch bekom-
men, und das drückt sich eben in ihrer Kommunikation aus.

3   «Hinschauen, hinhören, losgehen!»

Nicht nur; manchmal geht es auch noch weiter. In Sidmouth, einem beliebten Badeort an der Südküste Englands, möchte sie mit einer Freundin in dem Hotel absteigen, das sogar schon Queen Victoria beehrt hat. Der junge Mann am Empfang ist wirklich betrübt, als er ihr sagen muss, dass das Hotel ausgebucht ist. Schade, meinen beide Seiten. Vielleicht kann er ihnen etwas anderes im Ort empfehlen? «Do you have a little time?», fragt er.

Zeit hat man genug und ein Auto auch. Der junge Mann macht ein paar Anrufe und kommt mit einem unwiderstehlichen Angebot zurück: Er ist der Sohn der Besitzerfamilie und bietet den beiden Damen das Gästezimmer seiner Eltern in deren Haus, ein wenig ausserhalb von Sidmouth, an! Wer könnte da widerstehen? Rosmarie Michel bittet ihn noch, im Hotelrestaurant einen Tisch für die Mahlzeiten zu reservieren, denn das Gästezimmer seiner Eltern ist natürlich ein «Garni»-Angebot. Am Ende ihres Aufenthalts bekommt sie die Rechnung – und mit der Rechnung eine Überraschung: Lediglich die Mahlzeiten stehen darauf; die Übernachtungen waren gratis. Als ob das nicht schon etwas wäre, woran man sich ein Leben lang erinnerte, bekommt die junge Schweizerin noch ein Geschenk: einen echt englischen *door knocker,* den sie heute noch hat.

In London selbst lebt eine befreundete Familie, bei der sie sich sehr wohlfühlt. Da gibt es eine gemeinsame Basis: Diese Familie hatte in London eine Kinderschwester, und das war Anna, die dann zuerst für den Sohn Hansjürg von den Michels übernommen wurde und danach seiner kleinen Schwester zugeordnet wurde – eine Beziehung, die ja bekanntlich zwei Jahrzehnte lang gehalten hat. Als die kleine Schwester in London ist, ist ihr englisches Pendant natürlich auch schon eine junge Frau; es ist eine Beziehung, die bis zum Tode der Freundin Anfang der 90er-Jahre andauern wird:

Es war eine Freundschaft, die keine Worte brauchte. Später, wenn ich jeweils an einem Freitagabend nach London flog, um am Wochenende dort zu arbeiten, bin ich immer zuerst vom Flughafen zum Haus meiner Freunde gefahren, wo mich Käse und Wein erwarteten. In intensiven Gesprächen haben wir dann einander auf den neuesten Stand der Dinge in unseren Leben gebracht.

Die Schweizer Freundin wird Patin der jüngsten Tochter, und die fast jährlichen Besuche des Patenkindes in der Schweiz oder die gelegentlichen Begegnungen in London haben die freundschaftliche Beziehung zwischen den Familien bis heute erhalten.

Wer Rosmarie Michel kennt, weiss um ihre Liebe zu Schokolade und anderen süssen Genüssen. Im Hause ihrer Freunde macht sie Bekanntschaft mit aussergewöhnlich guten «Florentinern». Das Gebäck – «ein echtes Wunder» – wird von Freunden der Freunde hergestellt, einem aus Ungarn geflüchteten Ehepaar, das es, aufgrund der vorzüglichen Qualität seiner Produkte, mit seinem *Catering Business* zu dem begehrten «By Appointment of the Queen» auf dem Firmenschild gebracht hat: Maria und Frederic Floris.

Das interessiert natürlich die Tochter einer Confiserie-Inhaberin, und Maria Floris denkt an ihre beiden Söhne im heiratsfähigen Alter, als man ihr von der Schweizer Freundin erzählt, die jetzt in London lebt. Sie sind eine eher unenglische Familie, die Floris mit dem florierenden Geschäft: Elegant, feingliedrig, dunkelhaarig und dunkeläugig sind sie mit gutem Aussehen und östlichem Temperament ausgestattet, und Maria Floris bringt der jungen Schweizerin, die sie zu sich einlädt, spontan grosse Sympathie entgegen. Hier ist wieder mal jemand, mit dem sie über ihr Geschäft und über alles, was mit Schokolade zu tun hat – ihr Mann ist der hervorragende Chocolatier, sie ist Managerin der Bäckerei und Cateringfirma, ein begnadetes Marketingtalent und ganz einfach die Seele des Geschäfts – fachsimpeln kann. Rosmarie Michel hat vor dieser Einladung fast 24 Stunden lang aufs Essen verzichtet und schwelgt nun in den Kostproben der diversen süssen Produkte. Als sie geht, erhält sie noch ein Paket mit Süssigkeiten, die für eine ganze Woche reichen.

Maria Floris ist wirklich eine begnadete Verkäuferin, denn im

Hintergrund ist da natürlich immer auch der Gedanke an die noch unverheirateten Söhne. Eine neue potenzielle Schwiegermutter also? Ja. Warum auch nicht? Es wäre doch ideal: diese Schweizerin aus demselben Berufsstand, hübsch, tüchtig, wohlerzogen, im richtigen Alter und nicht unbemittelt ... Und dann die Schweiz als eventueller Fluchtpunkt, falls noch einmal «etwas passieren» sollte. Als sich die junge Frau artig für den Abend und das «Mitnehmsel» bedankt, geht Maria Floris zur Offensive über: George, ihr Ältester, soll Rosmarie, ihre neue Freundin, zum Abendessen einladen. Ins Ritz natürlich. Alles andere wird sich dann schon ergeben.

Damit sich etwas ergibt, müssten die Voraussetzungen allerdings ganz und gar anders sein. George ist gross, dunkelhaarig und -äugig, aber «etwas linkisch», wie seine Rendezvous-Partnerin sofort erkennt. Er ist vom Business seiner Mutter so weit entfernt wie die Erde vom Mars: Er träumt nämlich davon, Schriftsteller zu werden und in Entwicklungsländern Gutes zu tun. Schwärmerisch erzählt er der weltgewandten jungen Frau von Projekten in Indien oder Marokko; dazu trinkt er Milch, sie Wein.

Letzteres hätte alleine schon einer Verbindung im Wege gestanden, aber Maria Floris wäre nicht Maria Floris, wenn sie sich von solchen Lappalien abschrecken liesse. So schnell gibt sie nicht auf. Nachdem Rosmarie Michel wieder in Zürich ist, wird George dorthin spediert. Er ist ein absoluter Fan der Schweizerin geworden, weil sie viel von der Energie seiner Mutter hat. Aber auch das richtige Timing gehört offenbar nicht zu seinen Talenten: Im kahlen Korridor ihres Elternhauses macht er ihr einen Heiratsantrag, *den ich natürlich abgelehnt habe.*

Was mag der arme Junge ausgestanden haben, als er unverrichteter Dinge wieder in London ankommt?! Die Verheiratung des Ältesten wird nun zur Chef(innen)sache erklärt – Maria Floris kümmert sich selbst um die Zukunft ihres Sohnes, und sie tut das mit einem Auftritt, wie ihn ein Hollywood-Regisseur nicht besser hätte inszenieren können.

Eines schönen Tages hält vor unserem Haus ein Bentley, eine Frau mit viel Schmuck und einem wunderschönen grossen Hut steigt aus: Maria Floris. Sie wollte selbst mal sehen, wo und wie ich wohne. Die ganze Familie wird zum Diner ins Hotel Baur au Lac eingeladen, und danach fährt man noch nach Hause, um den Digestif zu nehmen. Auf dem Weg nach draussen, auch wieder im Korridor, stoppt Maria, öffnet ihre Riesentasche, greift zweimal mit ihren langen, eleganten Fingern hinein und breitet auf einem Tischchen einen Juwelenhaufen vor mir aus: «You may have the whole lot, if you take George!»,[4] sagt sie beschwörend.

Sie hatte mich zwar überrascht, aber nicht überrumpelt. Ich habe den ganzen lot voller Wut wieder in ihre Tasche geschmissen und gesagt: «Not even for that!» Damit war das Kapitel «George» zwischen uns erledigt. Allerdings war ich im Nachhinein beeindruckt, wie sie den Mut gehabt hatte, mit einer Handtasche voller uneingepackter Juwelen durch den Zoll zu gehen …

Was ich ihr hoch angerechnet habe, ist, dass sie mir trotz dieses dramatischen Zwischenfalls die Freundschaft nicht gekündigt hat. Sie brauchte eine Gesprächspartnerin, hat immer wieder telegrafiert, sie käme innerhalb der nächsten 48 Stunden – das hiess, dass ich dann eine Suite und andere Dinge bestellen und mich zwei Tage freihalten musste, damit ich die ganzen Geschäftsgeschichten und -probleme abhören und mit ihr aufarbeiten konnte.

Ich liebe London und bin dorthin gereist, wann immer ich konnte. Es war selbstverständlich, dass Maria jeweils davon wusste und ich sie am nächsten Tag anrief und dann besuchte. Eines Tages rief sie kurz nach meiner Ankunft am Abend im Hotel an und bat mich, noch am selben Abend zu ihr zu kommen, statt erst am nächsten Tag. Ich fuhr also hin, und es war wie immer: Wir hatten unser gutes Gespräch.

Am nächsten Morgen war sie tot. Typisch Maria: Kein Wort über

---

4 «Das könnte alles dir gehören, wenn du George nimmst.»

Krankheiten oder Todesahnungen, obwohl sie ja offensichtlich ge-spürt hatte, dass ihr Leben zu Ende ging. Präsent und elegant wie immer, hatte sie in aller Stille Abschied genommen. Es war für mich ein bedeutender Verlust.

Ein Jahr hätte der Aufenthalt im Dorchester dauern sollen, nach sechs Monaten ist er vorbei: Fritz Michel hat eine Lungenembolie erlitten, ist danach nicht mehr voll einsatzfähig im Geschäft, und Rosmarie Michel möchte ihre Mutter mit dieser Belastung nicht alleine lassen. Die junge Frau, die nach nur einem halben Jahr nach Hause zurückkehrt, ist nicht mehr dieselbe, die Zürich ver-lassen hat, sondern eine gereifte junge Erwachsene, die bereit ist, Verantwortung zu übernehmen.

Und dazu wird sie viel Gelegenheit haben – nicht nur im el-terlichen Geschäft.

100 Jahre Schurter, 1969.

*100-Jahr-Jubiläum der Confiserie Schurter 1969: die Juniorchefs,
Festredner Hansjürg Michel ...*

und Gastgeberin Rosmarie Michel.

IV

«Einen Café crème, bitte, und Fräulein Michel!»

Der Preis der Grösse heisst Verantwortung.
Winston Churchill

Aber nicht nur Rosmarie Michel hat sich verändert, die Lebensumstände in Zürich haben es auch. Es sind in erster Linie die Veränderungen in der Familie, die die Weichen neu stellen.

Die Familie, die kompakte Vierereinheit, gibt es nicht mehr in der Form, wie sie früher existierte. Die Lungenembolie ist ein ernst zu nehmender Einbruch in die Gesundheit des Vaters, von dem er sich nie mehr richtig erholt. Man hatte ihn der Tochter längere Zeit verschwiegen, weil man wusste, dass sie London London sein lassen und sofort nach Hause zurückkehren würde, aus Sorge um den Vater und zur Unterstützung der Mutter. Als sie von der Operation des Vaters erfährt, tut sie auch genau das und verkürzt den Stage in ihrem geliebten London um die Hälfte.

Wie so oft gibt es auch hier ein Nebeneinander von Leid und Freud. Ihr Bruder hat 1954 geheiratet – die Braut ist eine liebe Freundin seiner Schwester –, und nun ist das erste Kind da: Daniel, geboren im Mai 1956. Rosmarie Michel wird als Patin auserkoren, und der jungen Familie liegt so viel daran, dass sie gewillt ist, mit der Taufe zu warten, bis die Patin aus London zurückkehrt. Es ist bereits das dritte Mal, dass Rosmarie Michel in dieser Rolle auftritt – eine Rolle, die ihr sehr liegt. Sie wird schliesslich Patin von sechs Mädchen und Buben sein und noch ein paar andere junge Menschen patinnenartig betreuen. Wie alle wichtigen Tätigkeiten nimmt sie auch diese Rolle verantwortungsbewusst wahr; ihr Neffe, vor kurzem fünfzig geworden, kann auch heute noch auf sie zählen.

Mit der Familiengründung des Bruders verändert sich auch ihr Gesellschaftsleben. Die Beziehung zu Hansjürg ist im Grossen und Ganzen eine enge. Da hat es wohl die üblichen Zänkereien in der Kindheit gegeben, wenn sich ein drei Jahre älterer Bruder hie und da bewusst absetzen wollte oder sich von der Kleinen genervt fühlte; sie hatte ihre eigene Art, damit umzugehen: *Im Kinderzimmer habe ich ihn öfter gereizt und provoziert, bis er auf mich losging. Dann habe ich laut geschrien, und die Kinderschwester stürzte herbei. Natürlich hat sie ihm die Schuld gegeben, und ich sass dann mit einem unschuldigen Gesichtsausdruck da und liess mich trösten …* Hie und da hat es auch auf beiden Seiten Eifersüchteleien gegeben: Entweder hat man zu viel Aufhebens von dem Erbprinzen gemacht oder ist dem Kindercharme der Prinzessin zu oft erlegen, aber je älter sie werden, desto enger wird der Zusammenhalt. Der Ältere interessiert sich ab einem gewissen Alter sehr für die Freundinnen der Schwester, und sie ist sehr gut im Arrangieren von entsprechenden Begegnungen. Seine Freunde wecken ein gewisses Interesse in ihr, aber nur, wenn sie gute Tänzer sind. Das ist der Bruder übrigens auch, und mit dem Michelschen Charme erfreut er sich bei den jungen Damen grosser Beliebtheit.

Die grosszügigen Eltern lassen Raum für schöne Erinnerungen an Feste im eigenen Haus, manchmal im Café oder hie und da sogar im «Rüden». Bruder und Schwester veranstalten Feste, zu denen ein grosser Freundes- und Bekanntenkreis eingeladen wird. *Mein Bruder hatte dieses unnachahmliche Talent, sich seine Feste organisieren zu lassen – und auf wen fiel wohl diese Arbeit?,* kommentiert sie schmunzelnd.

Die jungen Frauen aus diesem Freundeskreis verhalten sich regelkonform: Sie heiraten und bekommen Kinder. Dies katapultiert die junge Berufsfrau in eine unbehagliche Spezialkategorie. Eine Freundin sagt ihr zum Beispiel unumwunden, dass man sie nicht mehr einladen kann, weil alle Männer sich mit ihr unterhielten und sie sich nicht genügend um die Frauen kümmere.

Damit hatte sie nicht Unrecht: Die Frauen sprachen über nichts anderes als ihre Babys, was mich langweilte und wozu ich keinen Beitrag leisten konnte, und die Männer hatten Freude an einer Frau mit Auslandserfahrung, die sich über die Wirtschaft, den Handel, das Gewerbe oder Stadtplanung unterhalten konnte.

Andererseits: Die jungen Familien um sie herum, die alle *gesprosst* haben, wie Rosmarie Michel es ausdrückt, sind doch auch manchmal froh um eine Babysitterin, die meist auf Abruf zur Verfügung steht. So gerne sie diesen Freunden hilft, so sehr irritiert sie jedoch, dass alle Mütter ihr, bevor sie das Haus verlassen, genau erklären wollen, wie sie das Baby zu wickeln habe.

Es hat mich genervt, weil jede ihre eigene Vorstellung davon hatte; ich war verwirrt und natürlich auch obstinat, weil ich all diese Ratschläge nicht so gut ertragen habe, und so beschloss ich, meine Kenntnisse auf diesem Gebiet zu erweitern.

Da gab es den «Verein Mütterhilfe/Elternhilfe», der Kurse in Säuglingspflege anbot. Ich habe mich also dort eingeschrieben und war, wie nicht anders zu erwarten, die einzige Ledige in einem Kreis von werdenden Müttern. Die kompetente alte Hebamme, die den Kurs leitete, war sehr erpicht darauf, mit mir zu reden – ich nehme an, sie hat das unter «Horizonterweiterung» abgebucht –, denn natürlich hat es sie brennend interessiert, warum ich diesen Kurs machte. Sie war unglaublich pragmatisch; ich habe viel von ihr gelernt, und wenn die Spezialistin es so und nicht anders machte, dann sollten die Mütter mir nicht mehr dreinreden.

Nach Abschluss des Kurses erhält die frisch gebackene Säuglingspflege-Expertin einen Brief vom Vereinsvorstand: Er würde sich glücklich schätzen, wenn sie dem Vorstand beiträte.

Ich habe ihnen gedankt für das Vertrauen, aber klargemacht, dass es hier um eine Frage der Glaubwürdigkeit ginge: Als alleinstehende Kinderlose wäre ich wohl kaum für diese Funktion geeignet.

Da gibt es andere Funktionen, die auf die junge Frau warten und für die sie sich besser geeignet fühlt. Die Veränderungen in Familie und Gesellschaftsleben gehen Hand in Hand mit anderen wichtigen Entwicklungen, in erster Linie im Berufsleben, die sie mit neuer Energie abgeht.

Mein Vater, der sich um eine Reihe von Aufgaben meist hinter den Kulissen des Geschäfts gekümmert hatte, aber auch vorne an der Front, weil er den Kontakt mit Menschen brauchte, fiel nun weitgehend aus. Ich konnte und wollte meine Mutter nicht allein lassen; wir hatten ein sehr gutes Verhältnis, und sie hatte sich schon früher oft mit mir besprochen und sich auf mich abgestützt. Nach Lausanne und London mussten jetzt die Aufgaben aber doch etwas anspruchsvoller werden. Ich wurde also in die Geschäftsleitung aufgenommen. Damit begann die Tätigkeit in meiner Heimatstadt; ich hatte ein starkes Bedürfnis, nicht nur in dieser Stadt zu leben, sondern ich wollte mitgestalten, mitarbeiten, involviert sein, einen Beitrag leisten.

Das neue Geschäftsleitungsmitglied ist zuständig für PR, Marketing und Mitarbeiter sowie für ein erweitertes Angebot. *Meine Mutter, sehr mit der Pflege meines Vaters beschäftigt, hat diese Bereiche grosszügig und problemlos abgetreten. Das hat mich gefreut: Ich habe diese Herausforderung gebraucht, sonst wäre ich weggegangen.*

Ihr Bruder hat inzwischen die Produktion übernommen; sie sorgt dafür, dass die Produkte gut verkauft werden. Daraus entsteht eine Zusammenarbeit, die nicht immer problemlos verläuft, aber man kann sich immer wieder zusammenraufen.

In den für ihre Zukunft wichtigen Kreisen hat man sie inzwischen schon längst zur Kenntnis genommen, und dort beginnt man nun, aktiv zu werden. Dazu eine Vorbemerkung:

Es ist weithin bekannt, dass die Schweizerinnen erst 1971 das Stimm- und Wahlrecht bekommen haben. Weniger bekannt ist die Tatsache, dass es in den Jahrzehnten davor eine Reihe von Frauen in der Schweiz gegeben hat, die in wichtigen Funktionen Weichen gestellt haben, als Wissenschaftlerinnen, Künstlerinnen,

Historikerinnen oder in Wirtschaftsfunktionen, in die sie als Witwen oder Erbinnen hineinwuchsen. In Zürich geschah dieses Weichenstellen mit der für die Stadt typischen Diskretion; im Hintergrund wurden in gebildeten Kreisen Fäden gesponnen, die dann zur rechten Zeit gezogen werden konnten.

Auch Rosmarie Michel kommt in Kontakt mit den Frauen, die diese typisch weibliche Tätigkeit ausüben. Eine davon ist Agnes Farner-Hasler, Frau eines Versicherungsdirektors, äusserst tüchtig und kultiviert. Neben den Familienpflichten amtet sie als Präsidentin der «Schweizerischen Pflegerinnenschule» und kümmert sich hauptsächlich um Mittelbeschaffung. Eine andere ihrer Tätigkeiten war das Präsidium des «Vereins ehemaliger Töchterschülerinnen», das sie vorbildlich – im wahrsten Sinne des Wortes – ausgeübt hat. Als sich niemand fand, der ihre Nachfolgerin in dem zeit- und energieaufwendigen Amt werden wollte, hatte man ein Kopräsidium eingeführt: Eine Professorin, die beruflich sehr beschäftigt war, und eine Juristin, die privat sehr schnell schwanger wurde, teilten sich in die Aufgabe. Leider stellte sich das als keine befriedigende Lösung heraus, und so ist man wieder auf der Suche nach einer neuen Präsidentin.

Der Vorstandsmitglieder sind generell der Meinung, dass junges Blut dem Vorstand gut bekommen würde.

Ich wurde also integriert in die Aktivitäten des «Vereins ehemaliger Töchterschülerinnen» – einer Institution mit mehr als 3000 Mitgliedern, die aus den verschiedenen Matura-Abteilungen und der Seminarabteilung kamen, und einem engagierten Vorstand. Besonders Agnes Farner war für mich ein Vorbild; sie hatte unter anderem mit der Altertumskoryphäe Professor Busigny private Reisen in den Mittelmeerraum organisiert.

Diese Frauen haben dann mein Organisationstalent entdeckt: Ich habe den Bereich Catering für alle Veranstaltungen übernommen, und da dieser Bereich reibungslos funktionierte, waren sie der Meinung, dass ich organisieren konnte.

Wahrscheinlich ist das der Hauptgrund, warum man Rosmarie Michel einlädt, in den Vorstand zu kommen. Mit der Liebe zu ihrer Schule ist sie die ideale Ergänzung eines schon längere Zeit amtierenden Gremiums.

Agnes Farner begleitet sie zu einer Vorstandssitzung. An der Tür zum Sitzungszimmer nimmt sie sich gerade noch Zeit zu sagen: «Nur, dass Sie es vorher noch wissen: Ich werde Sie jetzt als neue Präsidentin vorschlagen.» Dann drückt sie die Klinke herunter, und Altpräsidentin plus potenzielle Nachfolgerin betreten den Raum. *Gefragt hat sie nicht, sondern die Tür aufgemacht, und wir waren im Zimmer,* kommentiert Rosmarie Michel diese Situation heute noch mit einer Mischung aus Empörung und Freude über das Kompliment, das ja in dieser Handlung integriert war. Was macht man in solch einer Situation? Da gibt es verschiedene Möglichkeiten, aber dies ist die falsche Frage; hier muss es heissen: Was macht eine Rosmarie Michel in solch einer Situation? Sie hört sich an, was der Vorstand alles zu ihren Gunsten zu sagen hat, und ihre Antwort repräsentiert eine der amüsantesten Anekdoten, wenn man weiss, wie ihr weiteres Leben verlaufen ist:

Ich habe akzeptiert – unter einer Bedingung: dass ich nie öffentlich reden müsste. «Ich kann nicht öffentlich sprechen, vor so vielen gescheiten Leuten. Ich werde alles tun, was ansteht; das Sekretariat neu organisieren und überwachen, Kontakte mit dem ganzen Lehrkörper und der Schule pflegen, mich um den Veranstaltungskalender kümmern – was Sie wollen, aber ich werde nie öffentlich auftreten.» Ich habe mich oft gefragt, was diese Damen sich bei diesen Bemerkungen gedacht haben. Ernst genommen wird das wohl niemand haben.

Wahrscheinlich konnten die klugen Frauen, die ein neues und sehr junges Vorstandsmitglied so früh ins Präsidentinnenamt katapultierten, ein Lächeln kaum unterdrücken, als sich die junge Frau leidenschaftlich, aber mit wohlgewählten Worten darüber ausliess, dass sie nicht öffentlich reden konnte – sie werden sich ihren Teil gedacht haben.

Nun hat die Heimgekehrte ein anspruchsvolles Ehrenamt in ihrer Heimatstadt, und an Arbeit wird es ihr dort sicherlich nicht mangeln. Eine ihrer ersten Aufgaben ist es, die Verabschiedung des Rektors in Zürichs vornehmstem Gesellschaftshaus, dem «Zunfthaus zur Meisen», für zweihundert geladene Gäste auszurichten.

Das Organisieren solcher Anlässe ist bei ihr wahrscheinlich genetisch programmiert; sie wird ihr ganzes erwachsenes Leben lang die schönsten Anlässe, offiziell oder privat, organisieren. An einer solchen Verabschiedung wird dem Geehrten sein Porträt übergeben, das der Verein jeweils finanziert hat. Es ist selbstverständlich, dass diese Übergabe von der Vereinspräsidentin vorgenommen wird. Dafür stehen diesmal ja gleich zwei Damen zur Verfügung: die beiden ehemaligen Kopräsidentinnen. Aber diese Rechnung geht nicht auf – die Professorin hat eine wichtige Dozententagung, und die Kopräsidentin ist bereits so schwanger, dass sie diese Aufgabe nicht mehr wahrnehmen kann. Zum Glück gibt es ja da noch Agnes Farner, die Vorgängerin, aber die muss leider mit ihrem Mann nach Holland reisen. Und nun?

Rosmarie Michel muss sich als neu gewählte Präsidentin der Aufgabe stellen, weil es keine Alternative gibt und man aus so etwas kein Theater macht. Sie setzt eine offizielle, steife Rede auf und macht sich daran, diese Rede einzuüben:

Eine Woche lang bin ich zweimal täglich in unserem Haus vier Stockwerke hinauf- und hinuntergelaufen, mit dem Manuskript in der Hand, laut deklamierend. Essen konnte ich nicht mehr: In einer Woche habe ich vier Kilo abgenommen. Die Panik wurde immer schlimmer, und ich hatte das Gefühl, keinen Schritt weiterzukommen.

Schliesslich habe ich mit meiner Schwägerin darüber gesprochen, und sie hat mir einen ganz pragmatischen Rat gegeben: «Guck in den Saal und atme tief. Die hören dir sowieso zu – was bleibt ihnen auch anderes übrig?» Das hat mir geholfen, und ich habe mir gedacht: Egal, wie gescheit diese Leute sind, die da vor mir sitzen – entweder sie hören mir zu, oder sie lassen es bleiben. Ich bin dann ohne das hochgestochene, voll ausformulierte Manuskript ans Rednerpult gegangen, habe tiiiiiiief geatmet, ein paar persönliche Worte gesprochen und dem Rektor sein Porträt überreicht. Offenbar habe ich das nicht so schlecht gemacht; jedenfalls war ich damit auch als Rednerin etabliert – ich hatte meine Bedingung selbst aufgehoben, und kein Mensch in diesem Vorstand war bereit, sie noch zu honorieren.

Auch diese Gabe ist wahrscheinlich schon eine Sache der Gene gewesen. Rosmarie Michel wird in ihrem Leben unzählige Reden halten, in mehreren Sprachen und vielen Ländern und ohne Manuskript, und sie kann, wenn es sein muss, dies aus dem Stand heraus tun. Ihre Kommunikationsfertigkeit wird es ihr erleichtern, mit gegnerischen Parteien Konfliktlösungen zu erarbeiten und umzusetzen, Opponenten zu Befürwortern und Antagonisten zu Mitstreitern zu machen. Überzeugen, nicht überreden ist dabei ihr Motto; ihr Gerechtigkeitssinn würde keine andere als eine Win-win-Situation zulassen, und ihre hohe Glaubwürdigkeit öffnet ihr die Türen für die Erstkontakte bei schwierigen Verhandlungen.

Wie immer habe ich auch als Präsidentin versucht, neue Inputs zu geben. Aber in erster Linie habe ich in dieser Funktion viel gelernt: Die Dozenten zum Beispiel stellten sich als ganz menschlich heraus, mit Schwächen, auf die man Rücksicht nehmen musste; ich lernte, sie in einem ganz anderen Licht zu sehen, und sie haben mich behandelt wie jemanden, der ebenbürtig war. Sie haben mich gelehrt, wie wichtig es ist, mit Menschen rücksichtsvoll umzugehen. Nach und nach habe ich dann alle verabschieden müssen – allerdings ohne wochenlang zuvor in Panik zu geraten.

Natürlich ergibt sich daraus ein bedeutendes Beziehungsnetz für den Rest ihres Lebens, auf das sie bei ihren beruflichen wie auch den ehrenamtlichen Tätigkeiten zurückgreifen kann. Ihre Mutter hatte das schon früher erkannt, als sie spöttelte: «Das ist die beste Arbeitsvermittlungsstelle für dich.»

Eine der Kernaussagen Rosmarie Michels, wenn sie auf ihr Leben zurückblickt, lautet: *Selten habe ich in meinem Leben etwas gemacht, was mir neben dem angestrebten Resultat nicht auch andere Dinge gebracht hat.* Dieser Satz bezieht sich sowohl auf berufliche Leistungen als auch auf ehrenamtliche Tätigkeiten, ganz besonders sogar auf Letztere. Wirkliche Leader-Persönlichkeiten lesen keine Rezeptbücher über Leadership und haben nur ein müdes Lächeln übrig für all die Bücher, die umwerfende Resultate innerhalb kürzester Zeit versprechen. Sie wissen, wie wichtig der kluge Einsatz von Zeit in einem Leben ist. Sie nehmen sich die Zeit für Wesentliches und haben Zeit für Menschen, denen sie auf ihre Art etwas geben können. Zu diesen Menschen gehört der von der Ehemaligen verehrte Felix Busigny. Man hatte sie gewarnt: Er sei ein ausgesprochen schwieriger Mensch, aber auch sehr einflussreich; man müsse sich gut mit ihm stellen. Solche Ratschläge prallen an ihr ab; sie würde sich nie mit jemandem gutstellen, nur weil er einflussreich ist. Aber sie hat den kenntnisreichen Professor in seinem fordernden Unterricht kennen und schätzen gelernt, und jetzt, wo er sie als Vorstandsmitglied des Vereins auch zur Kenntnis nimmt, entsteht eine für beide Seiten bereichernde Freundschaft. Zuerst einmal lernt er sie jetzt schätzen:

Erstens hat er gesehen, dass alles funktioniert, zweitens bin ich anständig mit ihm umgegangen, drittens habe ich, wo immer nötig, Rücksicht auf ihn genommen, und viertens liebte er Süssigkeiten – er hätte mich am liebsten adoptiert; noch lieber wäre ich ihm allerdings als Schwiegertochter gewesen … Auf dem täglichen Weg in die Zentralbibliothek kam er immer zu uns ins Café, setzte sich und sagte in breitestem Basler Dialekt: «Ich hätte gerne einen Café crème, bitte, und Fräulein Michel.» Dann musste ich alles stehen und liegen lassen und mich zu ihm setzen, ihn abhören und Lösungen für etwaige Probleme vorschlagen. Ich hatte ja Zeit – jedenfalls sah er das so!

Der Professor und seine Gattin sind dann gute Freunde der Familie Michel geworden; sie gehören zu der Gruppe potenzieller

Schwiegereltern, die in der Umgebung der neu entdeckten jungen Zürcherin entsteht, die ja als Endzwanzigerin so jung auch nicht mehr ist und gemäss den Konventionen unter die Haube gehört. Dieses Schwiegermutter-Syndrom gibt manchmal auch Anlass zur Komik. So zum Beispiel im Hotel Glockenhof, ihrem ersten Stage-Hotel. Die Besitzer sehen die ausgebildete Hotelfachfrau als ideale Schwiegertochter und laden sie mit deren Eltern zu einem Abendessen ein, um den Kontakt mit dem Sohn herzustellen. Die jungen Leute können während des Essens kaum ernst bleiben: Er ist seit einiger Zeit mit einer jungen Frau an der Rezeption, einer Freundin von RM, liiert – und sie weiss das schon seit langem …

Doch da gab es noch andere Menschen in ihrem Umfeld, die Unkonventionelleres mit ihr vorhatten, an vorderster Stelle die Horgener Industrielle Elisabeth Feller, die, nach ihrer Mutter, Rosmarie Michels wichtige Mentorin wird. Sie hat ein Feingefühl für menschliches Potenzial und sieht, dass die junge Frau in der Lage ist, in Bezug auf Organisation und Innovation noch einiges mehr zu tun. Sie schlägt ihr vor, dem «Verband der Berufs- und Geschäftsfrauen»[5] beizutreten. Wie bitte? Einem «Frauenverein» beitreten? Rosmarie Michel lehnt dankend ab. Die Mentorin ist zu klug, um etwas zu erzwingen, und die Mentee zu wohlerzogen, um es bei dieser Absage zu belassen. Also gut, sie würde mal hingehen und an einem Clubabend in der «Meisen» teilnehmen. Am Morgen nach diesem Abend ruft sie Elisabeth Feller an:

Es tut mir leid, aber das ist mir zu langweilig. «Berufs- und Geschäftsfrauen» heisst der Verein zwar, aber gestern Abend haben zwei Schwestern, eine davon Schriftstellerin, unglaublich langweilig über

---

5 Der weltweit aktive Verband hat 1999 auf Initiative der damaligen Schweizer Präsidentin beschlossen, die englische Version «Business and Professional Women» und die Abkürzung «BPW» einheitlich zu verwenden. Der Schweizer Verband ist mit mehr als 2500 Mitgliedern im Verhältnis zur Landesgrösse der grösste Verband, und der Zürcher Club mit mehr als 300 Mitgliedern die weltweit grösste Einheit.

Professor Dr. Felix Busigny.

ihre eigenen Geschichtchen gesprochen, und an dem Tisch, an dem ich sass, hat man ausschliesslich über belanglose Begebenheiten geredet. Ich habe nicht erkennen können, was das mit Berufs- und Geschäftsfrauen zu tun hat, auch wenn es profilierte Frauen waren.

Nun wäre Elisabeth Feller nicht die kluge Förderin, wenn sie gesagt hätte: «Sie müssen aber …» oder: «Sie sollten trotzdem …». Sie sagt gar nichts. Dafür tut sie aber das Richtige. Vorstandsmitglieder des weltweit aktiven Verbands, zu denen sie auch zählt, besuchen häufig Zürich und müssen dann natürlich betreut werden. In solchen Fällen greift sie zum Telefon: Sie könne leider nicht den ganzen Tag Gastgeberin sein, weil sie nachmittags einen wichtigen Termin wahrnehmen müsse – ob Rosmarie Michel wohl die Gäste am Nachmittag übernehmen könne? Weltoffen und sprachbegabt schlüpft die Angerufene gerne und gekonnt in die Rolle der Gastgeberin in ihrer Heimatstadt, und langsam lernt sie Niveau und Leistungsskala dieser Frauen – profilierte

Frauen in leitenden Funktionen, Managerinnen, Unternehmerinnen, Wissenschaftlerinnen – kennen und schätzen:

*Meinen ersten BPW-Anlass habe ich noch als Nichtmitglied orga-
nisiert, und das ging so weiter, bis ich fand, es könne so nicht weitergehen. Ich trat also in den Club ein. Wie konnte ich ahnen, dass ich
einige Monate später bereits im Vorstand des Zürcher Clubs sitzen
würde? Das konnte ich nicht verhindern. Ich habe die Arbeit gerne
gemacht, und dann hat es mir einfach «den Ärmel reingenommen»*[6].

Wiederum ein grosses Beziehungsnetz, das ihr zur Verfügung
steht. Sie wird die Doyenne dieses Verbands werden, nicht nur in
der Schweiz, und sie wird unzählige Male von potenziellen Mitgliedern gefragt werden, was denn das nun bringe, in solch einen
Berufsverband einzutreten. Ebenso oft wird sie zur Antwort geben, dass, wer diese Frage stelle, gar nicht beitreten solle. Denn
die Frage, die man sich vor einem Beitritt stellen sollte, müsste
heissen: «Was kann ich zu dieser Institution beitragen?» Das Geben käme hier zuerst; alles andere würde sich dann schon entwickeln. Heute müsste auch niemand mehr fragen: Man muss
sich nur den Lebensweg von Rosmarie Michel ansehen, und dann
erübrigt sich jegliche Frage zu diesem Thema.

Elisabeth Feller ist zwar eine vielbeschäftigte Berufsfrau – immerhin leitet sie ein erfolgreiches Industrieunternehmen mit Hun-
derten von Mitarbeitenden –, aber selbstverständlich hat sie auch
noch Zeit, in verschiedenen Gremien ehrenamtliche Arbeit zu leisten. Einige Schweizer Städte befinden sich in den späten 50er-,
frühen 60er-Jahren mitten im Prozess einer Selbstfindung, Zürich
ist eine von ihnen. Professor Jürgensen aus Hamburg erstellt eine
Studie über die Entwicklung der Stadt, und die bekannte Industrielle wird angefragt, ob sie dabei mitmachen würde. Als Horge-
nerin von der anderen Seite des Zürichsees fühlt sie sich hier durch-

---

6   Schweizerisch für fasziniert oder begeistert sein.

aus nicht kompetent, aber gerne würde sie jemanden empfehlen – und natürlich sagt Rosmarie Michel ihre Mitarbeit zu.

Es wird der Beginn einer wunderbaren neuartigen Beziehung
zu ihrer Stadt, die nie aufhören wird: Rosmarie Michel wird eine
bekannte Bauherrin werden, wird viel für die Entwicklung ihrer
Stadt tun – sei es mit dem Planen und Realisieren neuer Bauten
oder, als Mitglied der Denkmalpflege-Kommission, zwölf Jahre
lang mit dem Engagement für die Schützenswürdigkeit alter Bauten – und viele ihrer schönsten beruflichen Partnerschaften mit
Architektinnen und Architekten erleben.

Die Mentorin kümmert sich immer wieder darum, dass ihrer
Mentee die Arbeit nicht ausgeht. Ein BPW-Mitglied leitet eine
Anfrage des Vorstands ZFV weiter: Eine Fachfrau im Gastro-
Bereich wird gesucht. Diese urzürcherische Einrichtung bedarf
einiger erklärender Worte, nicht zuletzt, weil kaum eine Geschichte das Wirken von Frauen aus der «guten» Zürcher Gesellschaft so überzeugend illustriert. Und die Geschichte beginnt
gegen Ende des 19. Jahrhunderts.

Die Industrielle Revolution hat sichtbare Spuren in der vor-
mals von Handel und Gewerbe geprägten Stadt hinterlassen, und
ihre Bewohner tun sich schwer mit dem Wandel. Besonders die
Männer – Bauern, Gewerbler, Handwerker – leiden unter dem
Zwang, unter revolutionär neuen Arbeitsbedingungen ihren Lebensunterhalt zu verdienen. Während im Bürgertum ein gewisser
Wohlstand sichtbar wird, bewirkt das Industriezeitalter gleichzeitig, dass Armut in Elend umschlägt. Arbeiterinnen und Arbeiter
werden als anonyme, manipulierbare Masse gesehen: Für jede
oder jeden, der aufgrund mangelnder Sicherheitsvorschriften,
Überarbeitung oder Krankheit stirbt oder invalide wird, wartet
schon jemand, der nur zu bereit ist, mit einer Tätigkeit in der
Industrie einen kümmerlichen Lebensunterhalt zu verdienen.
Kein Wunder, dass viele die Aussichtslosigkeit auf ein besseres
Leben mit Alkoholkonsum zudecken.

Zumindest dies wird ihnen leicht gemacht. Gemäss einer Sta-

tistik aus dem Jahre 1890 konsumiert der ganz normale Schweizer
Stimmbürger pro Jahr 20 Liter Schnaps, und zwar 50-prozen-
tigen, und 110 Liter Wein, vom Bier ganz zu schweigen. (Zum
Vergleich: Neunzig Jahre später, 1980, betrug der Konsum von
Spirituosen lediglich fünf Liter pro Kopf.) Der Zugang zu diesen
Getränken ist problemlos: Es gibt (zu) viele Wirtshäuser, und in
jedem gibt es ausschliesslich alkoholische Getränke. Man muss
sich in eine Zeit zurückversetzen, in der es keinen Mineralwasser-
oder Fruchtsaftausschank gab und Cola-Getränke noch nicht
erfunden waren. Der Wochenlohn vieler Familien wird teilweise
oder sogar ganz in den Wirtshäusern verflüssigt.

Die Schweiz ist nicht das einzige Land mit einem Alkoholis-
musproblem. England zum Beispiel befindet sich in einer ähnlichen Situation, hat aber bereits gehandelt: 1887 findet in Zürich
ein internationaler Kongress «gegen den Missbrauch geistiger Getränke» statt, an dem einer der Direktoren der grossen Liverpoo-
ler Kaffeehäuser von den Erfolgen dieser Einrichtung berichtet.

Angeregt durch solche Beispiele und aufgewühlt von dem
Elend in ihrer Stadt, beschliessen einige Damen der guten Zürcher
Gesellschaft, aktiv zu werden: Sie wollen alkoholfreie Gaststätten
einrichten, mit ausgewogenen, preiswerten Mahlzeiten und einem
Angebot von ausschliesslich alkoholfreien Getränken!

Aha, eine Wohlfahrtseinrichtung also, gegründet von Damen,
die Gutes tun wollen. Weit gefehlt! Was die fünfzehn Frauen an-
streben, ist nichts weniger als eine Reform der zürcherischen, vielleicht sogar der gesamtschweizerischen Gastronomie, und wenn
diese Reform, die einer Revolution gleichkommt, erfolgreich sein
soll, dann darf sie nicht unter «Wohlfahrt» abgebucht werden,
sondern muss als unternehmerische Innovation rentieren! Von
Anfang an ist der Gedanke eines Gewinn abwerfenden Unternehmens wegweisend, und nachdem sie sich darüber einig geworden
sind, überschlagen sich die Ereignisse:

Im Juni 1894 veranstaltet die unternehmerisch denkende
Gruppe einen zweitägigen Basar in einem der vornehmsten Zür-

cher Gesellschaftshäuser, der ihnen einen Reingewinn von gut 17 000 Franken einbringt – eine beeindruckende Summe, die einem heutigen Wert von mehr als 170 000 Franken entspräche (rund 110 000 Euro). Damit sind die leichten Aufgaben aber auch schon abgehakt.

Mit diesem kleinen Vermögen begeben sich die angehenden Unternehmerinnen, die sich als «Frauenverein für Mässigkeit und Volkswohl» (vom Volk kurz «Frauenverein» genannt und heute als «ZFV-Unternehmungen» bekannt) in der Öffentlichkeit bewegen, auf die Suche nach einem Lokal – eine Suche, die sich als sehr schwierig gestaltet, denn Wirtshäuser sind mit langfristigen Verträgen an Brauereien gebunden und können keine Konkurrenz im eigenen Haus dulden. Schliesslich kann eine ehemalige Malerwerkstatt in der Stadelhoferstrasse für 1000 Franken pro Jahr gemietet werden.

Fast auf den Tag genau ein halbes Jahr nach dem Basar wird dort die erste «Kaffeehalle» nach Zürcher Muster eröffnet: Bescheidener als in Liverpool handelt es sich hier um eine Kaffee«stube» auf zwei Etagen mit dem Namen «Kleiner Marthahof». Vom Mieten der Liegenschaft bis zur Ausstattung haben die Frauen, die selbstverständlich zu Hause Bedienstete beschäftigen und sich nicht um Haushaltsdinge kümmern müssen, alles selbst bewerkstelligt – sie verdienen sowohl das positive Echo in der Presse als auch den Ansturm der Gäste, der nach der Eröffnung über sie hereinbricht. Schnell spricht es sich herum, wie gut die Qualität des Angebots trotz der niedrigen Preise ist, wie sauber und anheimelnd die Umgebung, wie freundlich die Bedienung …

Es vergehen keine zwei Wochen, und die ältere Frau, die man als Leiterin angestellt hatte, wirft das Handtuch. Sie ist heillos überfordert und kann mit diesem Zulauf von Gästen nicht fertig werden. Hilfe suchend wenden sich die Unternehmerinnen an eine Frau, die sie zuvor als nicht ganz *comme il faut* eingestuft und daher, trotz ihrer aktiven Mitarbeit, auch nicht in den Vereinsvorstand gewählt haben: an die Professorenwitwe Susanna Orelli, deren Pragmatismus und Erfahrungsschatz als Bauerntochter jetzt gefragt sind. Sie ist trotz der erfahrenen Kränkung bereit, für die Entlassene als Leiterin der ersten Kaffeestube einzuspringen und wird diese Aufgabe mit Bravour erledigen.

Dies ist der Beginn einer langjährigen Beziehung zwischen dem Verein und dieser fähigen Frau, die Selbstdisziplin, Unermüdlichkeit und Hingabe mit einem trockenen Humor und grossem Verhandlungsgeschick vereinte. Sie wird die Seele des Unternehmens – so sehr, dass sie, obwohl sie nie an der Spitze des Vereins, sondern «nur» an der Spitze der noch zu gründenden Betriebskommission stand, ins Bewusstsein ihrer Zeitgenossen und der Nachwelt als die Gründerin der ZFV-Unternehmungen eingegangen ist.

Die Gründerinnen hatten nicht nur das Ziel, die Welt zu verbessern oder Gutes zu tun, sondern ein Konzept zu verwirklichen, das überzeugend genug war, um auch wirtschaftlich interessant zu sein. Der Erfolg der ersten Stunde gibt ihnen Recht: Trotz ihrer Unerfahrenheit und der internen Turbulenzen können die Betreiberinnen bereits im ersten Monat einen Gewinn von 2,75 Franken aufweisen!

Bis zur Jahrhundertwende wird der Verein insgesamt drei Gaststätten betreiben und Besitzer eines grossen Hotels und Erholungsheims an bester Lage, des Hotels Zürichberg, sein und als ausgesprochen wünschbarer Arbeitgeber bekannt sein.

Die Attraktivität des «Frauenvereins» hat nicht nur mit dem Produkteangebot, sondern auch – und in nicht unerheblichem Masse – mit seinem Image als sozialer Arbeitgeber zu tun. Von Anfang an zwar auf Rentabilität, aber auf einen «Erfolg mit menschlichem Antlitz» ausgerichtet, hat der ZFV mit seinen sozialen Errungenschaften Zürcher Wirtschaftsgeschichte geschrieben. Dazu gehören:

- Teilzeitarbeit
- Ferien (bis zu vier Wochen)
- Kranken- und Unfallversicherung

- Altersvorsorge
- Fester Monatslohn
- Kein Trinkgeld
- Arbeitskleidung
- Personalwohnungen
- Weiterbildung
- Fonds für erholungsbedürftige Mitarbeiterinnen

Mit diesen Bedingungen hat der Verein unter den besten Arbeitskräften wählen können, hat eine überaus erfolgreiche Expansionspolitik betrieben und ist im Volk fest verankert geworden. Viele Zürcherinnen und Zürcher holen noch heute Kindheitserinnerungen an Sonntagsspaziergänge hervor, die ihren Höhepunkt mit dem Besuch im Zürichberg oder im Rigiblick erreichten.

Inzwischen weisen die ZFV-Unternehmungen einen Jahresumsatz von über 120 Millionen Franken aus, bewirtschaften über 80 Betriebe mit mehr als 1200 Mitarbeitenden und schenken – seit 2001 – auch Alkohol aus, denn die sozialen Gegebenheiten, die 15 Damen der Zürcher Gesellschaft vor 112 Jahren veranlasst haben, eine alkoholfreie Gastronomie ins Leben zu rufen, bestehen ja längst nicht mehr. Um der Gründerinnenidee dennoch Reverenz zu erweisen, unterstützen sie Projekte, die die Bekämpfung von Alkoholismus und alkoholbedingten Krankheiten zum Ziel haben, und vergeben jährlich einen Sozial- und Kulturpreis in der Höhe von 100 000 Franken.

Eine Erfolgsgeschichte also? Ja, aber nicht durchgehend. Auch dieses Unternehmen hat seine Höhen und Tiefen gehabt, und zu der Zeit, als Elisabeth Feller angefragt wird, ob sie nicht jemanden kenne, der sich dort einbringen würde, durchlebt das Unternehmen eine Phase, in der es ihm nicht so gut geht; es braucht dringend jemanden, der eine Reorganisation durchführt. Elisabeth Feller reagiert – wen überrascht dies noch? – mit der Feststellung, dass es eine Frau gibt, die das kann! Begreiflich, dass sie dabei an Rosmarie Michel denkt: Nicht nur bringt sie als Absolventin der

Hotelfachschule in Lausanne sehr viel Fachwissen mit, sondern die Geschichte des ZFV entspricht in fast allen Belangen ihren Wertvorstellungen: Es geht um Zürich, es geht um Unternehmertum, es geht um fähige, engagierte Frauen, und es geht um eine starke soziale Komponente, die über viele Jahrzehnte hinweg das Unternehmen geprägt hat. Dennoch sieht die Vorgeschlagene diesen neuen Vorschlag ihrer Mentorin ganz anders:

Ich habe gesagt, dass ich das nicht kann. So etwas hatte ich noch nie gemacht, aber ich war bereit, mir anzuhören, worum es da eigentlich ging. Danach war mein Interesse geweckt; ich wurde in den Verwaltungsrat gewählt, half, eine neue Präsidentin zu suchen und rekrutierte die Hilfe des hervorragenden Betriebsberaters Raoul Illig. Es war der Anfang einer wunderschönen Arbeit in meiner Vaterstadt.

Dass die energische Zürcherin organisatorisch begabt, verlässlich, belastbar, multi-einsetzbar und bei alledem noch wohlerzogen und humorvoll ist, hat sich längst herumgesprochen. 1964 kommt dann aus heiterem Himmel eines Tages eine sehr persönliche Anerkennung: Nach einer gelungenen Veranstaltung des Ehemaligen-Vereins, die natürlich von der fähigen jungen Präsidentin organisiert worden ist, kommt die verehrte Agnes Farner zu ihr: «Würde es Ihnen Freude machen, bei der nächsten Busy-Reise[7] nach Nordafrika mitzukommen?» Rosmarie Michel kann es kaum fassen, dass sie mit dieser Gruppe Interessierter die antiken Ausgrabungen besuchen kann, und da es sich hier zwar um eine Einladung zum Mitkommen, nicht aber um die Bezahlung dieser Reise handelt, fragt sie zuerst einmal, wie viel das Ganze kosten würde. Wird sie sich einen solchen Betrag leisten können? Zu Hause macht sie einen Kassensturz – und dann weiss sie: Es reicht! Dies wird die erste von verschiedenen Busy-Reisen sein;

---

7 Busy, die Kurzform für den französischen Namen Busigny, wird wie «Büsi» ausgesprochen, das Wort, mit dem man in der Deutschschweiz eine Katze bezeichnet.

natürlich wird sie sich bewähren und ebenso natürlich wird sie von da an die Reisen mitorganisieren und leiten. Dass sie ihr eine kulturell aussergewöhnliche Bereicherung bringen, steht bei ihr im Vordergrund; ohne Klagen wird sie den ganzen Aufwand einer Reiseorganisatorin und -leiterin für an Qualität gewöhnte, teilweise kapriziöse Teilnehmerinnen und Teilnehmer übernehmen, und es ist selbstverständlich für alle Beteiligten, dass sie nicht nur keinen Rappen dafür bekommen, sondern auch jede einzelne Reise selbst bezahlen wird. Auch das ist Zürich.

Diese erste Reise nach Afrika ist ein beeindruckendes Erlebnis. Nach der Landung in Tunis sieht sie zum ersten Mal die Wüste und ist von deren Unendlichkeit und dem Fatalismus ihrer Bewohner tief beeindruckt. Gleichzeitig ist die Reise auch sofort wieder mit Bewährungsproben verknüpft.

Sie muss sich schon ein bisschen wehren: Sie ist die Jüngste, eine einzelne Frau, und nicht alle kennen sie. Sie heisst Michel, und niemand macht die Verbindung mit dem bekannten Zürcher Spezialgeschäft, das unter dem Namen Schurter läuft:

Da gab es den sehr berühmten Professor Schinz, der nicht erkennen konnte, warum ich in dieser Gruppe war, und mich in leicht irritiertem Ton fragte: «Was machen Sie eigentlich?» «Ich verkaufe Guetzli»,[8] war meine Antwort. Er stellte noch ein paar herablassende Fragen, aber meine Antworten waren so, dass er für den Rest der Reise nicht mehr gewagt hat, weitere Fragen zu stellen. Ich wusste, dass meine Urgrossmutter denselben Namen hatte wie er, aber das hätte ich ihm nie gesagt. Am Schluss hat er es dann erfahren und war beschämt; das hat mir eigentlich genügt.

Der Professor hat nicht geahnt, dass die Guetzli-Verkäuferin 25 000 Franken in ihrer Tasche hat, die die Reisegruppe «schwarz» mitgenommen hat. Kein Mitglied der Reisegruppe ist

8 Schweizerisch für Kekse.

dazu geeignet, locker durch den Zoll zu gehen, aber die jüngere Mitreisende hat diese Aura von natürlicher Autorität einerseits und von biederer Unschuld andererseits – also ist sie es, die das Geld einschmuggelt: Alles, was in Tunis zu zahlen ist, bezahlt sie bar. Natürlich wäre der Bargeld-Schmuggel mit Gefängnis bestraft worden, wenn die Zollbeamten ihn entdeckt hätten, und es ist für Aussenstehende nicht ganz nachvollziehbar, wie die Gruppe dieses neue Mitglied in eine solche Gefahr bringen konnte.

Ich war die praktische Leiterin dieser Reise, Busigny war nicht gut in solchen Dingen. Er war sensibel wie ein geschältes Ei: Entweder war er beleidigt, oder er wurde ausfällig, oder er ging einfach weg. Hin und wieder hatte ich ein Gespräch mit ihm, bin mit ihm durch diese wunderschönen Ausgrabungen gegangen und habe versucht, ihn zu beruhigen; zusätzlich war ich der Puffer, und schliesslich konnte ich das, woran alle Freude hatten: die Hotelzimmer richtig zuweisen, allfälligen Wasserschäden auf den Grund gehen und sie beheben und ähnlich praktische Dinge. Da kam mir natürlich meine Hotelausbildung zugute.

Von Tunis aus geht die Reise auch nach Benghasi in Libyen, damals ein absolutistisches Königreich. Dort ist ein Ehepaar der Gruppe unvorsichtig genug, im Suk zu fotografieren: Die beiden werden auf der Stelle ins Gefängnis gesteckt. Dank der Geistesgegenwart der Frau können sie zwar entkommen, aber bei der Rückreise will man sie am Flughafen nicht ausreisen lassen. In einigen Minuten soll die Gruppe nach Hause fliegen – und wer wird wohl hier die Kastanien aus dem Feuer holen?

Ich nahm meine Tasche unter den Arm (inzwischen natürlich ohne die 25 000 Franken – die waren ja bereits ausgegeben), fragte nach dem Dienst habenden Offizier, einem gut aussehenden Libyer, und sagte ihm, dass ich die technische Leitung dieser Reisegruppe hatte. Es sei ganz schwierig, was er da getan hätte, und zwar für ihn. Wir hätten zwei medizinische Koryphäen in der Gruppe, einer davon sei ein Röntgologe, den der libysche König in Zürich konsultiert hätte. Der wäre sicher nicht glücklich über die Behandlung dieses Arztes seitens libyscher Beamter – wenn das herauskäme, und ich könne ihm versichern, dass es herauskäme …

Ein paar Minuten später waren wir alle im Flugzeug. Meine Ernsthaftigkeit in Bezug auf die Tragweite seiner Entscheidung hat ihn wohl beeindruckt, und so fand auch er, dies sei die bessere Lösung.

Diese Episode hat dazu geführt, dass ich nun in dieser Gruppe akzeptiert war, die danach nicht mal mehr eine Kurzreise nach München oder einen Ausflug in der Schweiz ohne mich machen wollte. Das hat mich dann ein wenig genervt; ich wollte nicht immer mit solch einem ältlichen Verein reisen, obwohl alle blitzgescheit und kultiviert waren. Aber ich war dankbar, dass ich auch noch andere Interessen und Kontakte hatte.

Freundschaften haben Rosmarie Michel ihr ganzes Leben lang sehr viel bedeutet, und sie gehört zu den Menschen, die ihre Freundschaften pflegen. In einem der vielen Interviews, die sie in ihrem Leben gegeben hat, steht unter «Hobbys» (ein Wort, das nun gar nicht zu ihr passt): Gastgeben. Sie ist schlicht die perfekte Gastgeberin, weltoffen, international orientiert, grosszügig, spontan und gesegnet mit einem reich ausgestatteten Haushalt, in dem bis ins kleinste Schälchen und Tellerchen alles vorhanden ist und eingesetzt wird. Ihre Gäste lieben es, bei ihr zu sein, und mehr als einmal haben sie das bewiesen, indem sie die gastliche Stätte weit nach Mitternacht verlassen – auch an Wochentagen, wo der Drang, «rechtzeitig» zu gehen, weil man am nächsten Morgen «früh» aufstehen muss (was sich oft erst als 6.30 Uhr entpuppt), heutzutage ja sehr ausgeprägt ist.

Ihre Freundschaften sind ebenfalls eine Kombination von Geben und Nehmen:

Ich war mit der damaligen Direktorin des Schweizerischen Landesmuseums, Dr. Jenny Schneider, befreundet, einer hervorragenden Kunsthistorikerin aus ältestem Basler Geschlecht. Sie konnte oder wollte nicht Auto fahren. Da waren wieder einmal mein Auto und meine Fähigkeit, damit umzugehen, gefragt, die ich bereits bei meinen Eltern hatte einsetzen können, als mein Vater nicht mehr fahren konnte, oder bei dem Ehepaar Busigny, das kein Auto besass, weil beide nicht fahren konnten. Ich hatte damals schon meinen eigenen kleinen Morris, in den sich zwar alle zwängen mussten, der sie aber immer gut ans Ziel brachte.

So kam ich auch in den Genuss privater Kulturreisen, und der Vorteil war, dass ich überall, wohin ich kam, von Experten begleitet war. Busigny kannte sich nicht nur in der Antike aus, sondern auch im Mittelalter; dann kannte er Städte wie Rom oder Florenz sehr gut, denn dort hatte er auch schon Führungen gemacht.

Jenny Schneider wiederum hatte überall in den Museen ihre Kontakte, und ich lernte, die Dinge durch ihre Augen zu betrachten, ganz abgesehen davon, dass sie sehr gut erklären konnte. Ich habe heute noch die Parameter in mir, wie ich ein Bild, einen Altar, ein Gebäude anschauen muss. Und, ganz wichtig: Wenn man eine Epoche bestimmen will, muss man sich nur die Schuhe auf den Bildern ansehen, und schon weiss man Bescheid.

Sie war spezialisiert in Textilien und Glasmalerei und konnte mir diese beiden Bereiche näherbringen. Ihre Jugendjahre hatte sie in Holland verbracht, und so gab es dann auch eine Reise nach Holland mit all seinen wunderschönen Museen.

Schliesslich habe ich bei diesen Reisen gelernt, wie man mit Museumsleuten umgeht, was für Probleme sie haben. Meine Freundin hat immer lachend gesagt, dass wir theoretisch unsere Führungspositionen wechseln könnten; die Problematik beim Führen schwieriger Mitarbeiter und Betriebe ist immer dieselbe und erfordert dieselbe Mentalität, um Lösungsansätze zu erarbeiten.

Es mag hie und da so scheinen, als ob Rosmarie Michel in ihren 30er-Jahren in erster Linie eine schwer arbeitende, brave, wohlerzogene Frau war, die unendlich belastbar zu sein schien und der man von allen Seiten Aufgaben aufbürdete.

Dem war jedoch nicht so. Es waren zum Teil grosse Herausforderungen in einem Umfeld, wo man sich weder beklagte, noch ein Aufhebens davon machte, wenn man eine Herausforderung bewältigt hatte.

Für sie war es eine Art Güterabwägung: Sie war der Meinung, dass sie für ihren Einsatz durch unvergessliche Erlebnisse und wunderschöne Erinnerungen genügend entschädigt wurde, und sie konnte gut mit einer gewissen Zürcher Art zurückhaltender Anerkennung leben. Dazu kam, dass sie sich sehr wohl bewusst war, was für ein Privileg es war, von Menschen umgeben zu sein, die sich für einen Vorbild-Status eigneten und von denen man das eine oder andere lernen konnte.

Trudi Michel-Schurter

Elisabeth Feller

V

Vorbilder

Ich hatte Glück: Wichtige Frauen,
die aussergewöhnliche Lebensgeschichten hatten oder
besonders klug waren, haben mich immer
behandelt, als ob sie in mir eine Art Nachfolgerin sähen.
Rosmarie Michel

Vorbild: Das Wort löst nicht überall positive Gefühle aus. Kinder und die meisten Teenager haben noch ein unbeschwertes Verhältnis zu diesem Wort beziehungsweise dessen Inhalt: Das «Wenn ich gross bin, dann möchte ich so wie … werden»-Spiel lädt ein zum Träumen und zum Entfliehen aus einer Umwelt, die oft ungerecht, unbefriedigend oder sogar grausam ist. Junge Mädchen eifern noch häufig einem Filmstar oder, realistischer, einer umschwärmten Lehrerin nach, und junge Burschen finden immer wieder einen Sportler oder Coach, den sie sich zu einem (oft unerreichbaren) Vorbild stilisieren.

Später dann sieht die Sache anders aus: Viele Frauen beklagen sich zwar dauernd, dass es ihnen an Vorbildern fehle, sind aber nur selten bereit, sich mit Frauen, die sich für diese Funktion eignen würden, auseinanderzusetzen, geschweige denn selbst ein Vorbild zu werden. Oder sie erklären, dass es ihnen «nicht im Traum einfalle, so zu werden wie …».

Bedauerlicherweise haben Frauen, die so reden, den Wert eines Vorbilds nicht ganz begriffen. Ein Vorbild darf nie eine Form sein, die man nach Belieben nachgiessen kann, sondern ein Mensch, den man aus verschiedenen Gründen bewundert und respektiert und dem man aus diesen Gründen nacheifern möchte. Solche Menschen können eine Inspiration sein oder als Ansporn gelten,

Schwierigkeiten zu überwinden, sich in Selbstbeherrschung zu
üben, sich grossen Herausforderungen zu stellen oder Krisen zu
bewältigen und dabei die Contenance zu bewahren.

Und da gibt es einige in Rosmarie Michels Umfeld, auf die
diese Eigenschaften zutreffen. Wie die meisten grossen Leader-
Persönlichkeiten hat sie Menschen erlebt, denen nachzueifern
einer persönlichen Weiterentwicklung gleichkam. Nie aber hat sie
sie als ein Original gesehen, das man kopieren sollte. Schliesslich
war sie ja selbst ein Original.

Es gibt drei Persönlichkeiten, die sie zum Rang eines Vorbilds
emporheben würde – nicht zufällig sind es drei Frauen. Die erste
ist Trudy Michel-Schurter, ihre Mutter.

Ich habe meine Grosseltern nicht gekannt beziehungsweise nicht
bewusst erlebt, aber die Mutter meiner Mutter hätte ich gerne ken-
nengelernt. Als Witwe hat sie in der Zeit von 1911 bis 1932 aus der
Confiserie und Konditorei Schurter eine unwahrscheinlich blühende
Firma gemacht. Sie war eine geschäftstüchtige Welsche, umgeben
vom Hauch eines Geheimnisses: Wir wissen nicht, woher sie kam, sie
hat sich nie dazu äussern wollen.

Obwohl dies zu ihrer Zeit noch nicht selbstverständlich war, hat
die Grossmutter ihre Rolle als Unternehmerin nie in Frage gestellt. Die Arbeit und die grosse Verantwortung haben sie dann
allerdings zu einer harten Frau gemacht, die aber trotzdem ein
gutes Verhältnis zu ihrer jüngeren Tochter Trudy hatte.

Es wird ihr Freude gemacht haben, dass gerade diese Tochter
das Geschäft übernommen hat, nachdem sie ihre Schwester ausgezahlt hatte. Trudy Schurter hatte mehr Flair fürs Geschäft als
für die Schule, denn aus gesundheitlichen Gründen hat sie dort
oft fehlen müssen.

Für uns Kinder hatte dies den Vorteil, dass sie von unseren guten
Noten sehr beeindruckt war. Wir besuchten übrigens die Volksschule,
weil meine Eltern keine Extrawürste für ihre Kinder wollten.

Die Chefin ist eine gute Geschäftsfrau, die ihrer täglichen Arbeit
mit Lust nachgeht. Sie führt temperamentvoll, aber später, lange
nach dem Pensionierungsalter, wird sie zum ruhenden Pol in der
geschäftigen Atmosphäre des Ladens und des Cafés; die Mitarbeiterinnen vertrauen ihr. So wird sie zu einer unschätzbaren
Hilfe, wenn die Tochter in ihrer Funktion als Internationale
BPW-Präsidentin die Welt bereist.

Die längste Zeit steht sie täglich im Laden; erst als die Alters-
arthrose ihr das Stehen fast unmöglich macht, wird sie auf einem
kleinen Hocker am Ende des Ladentisches sitzen, wo sie noch
alles überblicken und einem ihrer besonderen Talente frönen
kann, ihrem Flair fürs «Päckli-Machen». Und sie hat Freude am
Kontakt mit den Kunden, die ihrerseits gerne kommen, wenn sie
da ist; die enge Kundenbindung hat viel mit der Persönlichkeit
der Geschäftsinhaberin zu tun.

*Als junge Frau hatte sie eine Zeitlang in England gelebt und
sprach sehr gut Englisch; so las sie zum Beispiel die Bibel nur in dieser Sprache. Da sie ausser der Bibel noch viel anderes las, war auch
ihr Deutsch sehr gut, so dass sie ein grosses Segment der ausländi-
schen Kunden sprachlich abdecken konnte. Was sie machte, machte
sie gut – egal ob Petit Point oder Kochen. Als die Arthrose ihr wirklich zusetzte, ist sie oft bis ans Ende ihrer Kraft gegangen, um ihre
Funktion im Geschäft wahrzunehmen.*

Trudy Michel war aber nicht nur eine gute Unternehmerin, sondern auch eine gute Mutter sowie etwas, was die Tochter spontan
in Englisch ausdrückt: *a very devoted wife*, eine wunderbare Partnerin in einer gelungenen Ehe. Das könnte auf den ersten Blick ein
wenig erstaunen, wenn man sich daran erinnert, dass Fritz Michel
zweimal ansetzen musste, um aus der Angebeteten seine Ehefrau
zu machen. Den ersten Heiratsantrag lehnt sie ja ab: Zum einen
möchte sie keinen Hotelier heiraten, der auch im Ausland tätig ist,
zum anderen steht ihr ein ausgeprägtes Gefühl der Verantwortung
für das Unternehmen, in das ihre Mutter so viel Energie investiert

hat, im Weg. Verletzt und enttäuscht begibt sich der Abgewiesene nach Genua, um das Schiff nach Ägypten zu nehmen, wo er seiner halbjährlichen Tätigkeit als Hoteldirektor nachgeht.

Das halbe Jahr vergeht, er kehrt nach Zürich zurück – aber er meldet sich nicht bei der Frau, die ihn abgewiesen hat. So war das von ihrer Seite nun auch wieder nicht gemeint … Fritz Michel wohnt im Gartenhaus bei einer Verwandten, der Tochter der Tante, die man in der Familie «die Kuppeltante» nennt und die ihn mit Trudy Schurter an einem Ball zusammengebracht hat. Trudy wird aktiv: Sie ruft dort an und fragt, ob der Fritz nicht zurückgekommen sei. Doch, doch, er sei zurückgekommen – und auch gerade in Rufnähe. Er kommt ans Telefon und arrangiert eine Verabredung mit der Frau, für die sein Herz noch immer schlägt und die doch noch ein Interesse für ihn zu haben scheint. Sie ist einen zweiten Versuch wert: Er packt sie in sein rassiges Citroën-Cabriolet, fährt mit ihr zum Vierwaldstättersee und macht ihr unterwegs den zweiten Heiratsantrag. Diesmal klappt es: Sie sagt ja, unter der Bedingung, dass sie nicht nach Ägypten muss. Auch er sehnt sich nach einem Schweizer Zuhause und einer Familie, und so gründet 1927 ein glückliches junges Ehepaar seinen Hausstand am Central. Ein Jahr später kommt Hansjürg Michel zur Welt, und drei Jahre später dann – aber das haben wir ja schon auf den ersten Seiten dieses Buches abgehandelt …

Rosmarie Michel spricht mit viel Wärme, Respekt und Bewunderung von ihrer Mutter. Sie hat ihre Dankbarkeit für das gute Verhältnis zwischen den beiden Frauen, für die Grosszügigkeit, die Gradlinigkeit und den humorvollen Pragmatismus ihrer Mutter, die ihr in so vielem Vorbild war, am besten gezeigt, als sie ihr durch eine längere liebevolle Pflege ermöglichte, 1993 in ihrem Geburtshaus zu sterben. Dass dies möglich war und dass ihre Mutter neunundachtzig Jahre alt werden durfte, erfüllt sie mit einer Dankbarkeit, die ihr die Trauerarbeit etwas erleichtert hat.

Trudy Schurter liegt im Familiengrab, das inzwischen unter Denkmalschutz steht. Dafür hat ihre Enkelin Regula Michel, die zu ihrer Grossmutter ebenfalls ein sehr gutes Verhältnis hatte, gesorgt: Als Kunsthistorikerin ist sie in einer Kommission tätig, die dafür zuständig ist. Nicht ohne Stolz kommentiert Rosmarie Michel: *Die Familientraditionen werden bei uns durch die Frauen weitergepflegt.*

An Frauen, die in Rosmarie Michel die potenzielle Leader-Persönlichkeit entdeckten, hat es nicht gemangelt; Mentorinnen hat sie zeitlebens um sich gehabt. Aber die Frau, die das Potenzial nicht nur erkannt, sondern kräftig mitgeholfen hat, daraus etwas zu machen, ist die bereits beschriebene Industrielle von der an-deren Seite des Zürichsees. Elisabeth Feller steht einem Unter-nehmen vor, das eine Schweizer Institution ist. Die Feller AG in Horgen beliefert die ganze Welt unter anderem mit den allgegenwärtigen elektrischen Kippschaltern. Die Firmeninhaberin, die nach dem Tode ihres Vaters bereits im Alter von 25 Jahren die Firma über-nehmen muss, ist «gross und stattlich», wie man damals sagte. Sie ist fähig und anerkannt, fordernd und fördernd zugleich, wohlhabend und aussergewöhnlich grosszügig. Sie findet neben ihrer an-spruchsvollen unternehmerischen Tätigkeit Zeit, sich um ihre Mutter zu kümmern, die mit der Tochter zusammen in dem extra für die beiden gebauten Anwesen auf der Kuppe des Horgener-bergs wohnt und sie nach Kräften unterstützt. Von dort aus schaut man weit über den Zürisee, und Weitblick ist auch in anderen Bereichen das operative Wort für die erfolgreiche Unternehmerin. So lässt sie zum Beispiel in ihrer Gemeinde eine Siedlung erbauen für eine Gruppe von Tibetern, die anfangs der 70er-Jahre fliehen musste und in der Schweiz nach einem neuen Zuhause suchte. So konnten sie in ihrer Kultur bleiben.

Sie war sehr herzlich, hat sich aber nie etwas vergeben. Ich hatte das Privileg, auf den Busy-Reisen eine ganz andere Elisabeth Feller kennenzulernen, eine Frau, die gerne und aus vollem Halse lachte.

Grosszügig unterstützt sie noch andere Institutionen, und gross-zügig geht sie auch mit ihrer Zeit um: In einer ganzen Reihe von

Organisationen wie dem Ehemaligen-Verein der «Töchti» ist sie
ehrenamtlich tätig, fördert, unterstützt und stellt sich oder ihr
Unternehmen für Aufgaben zur Verfügung.

Dies ist zum Beispiel der Fall, als die «Töchti» für die zukünf-
tigen Ehe- und Hausfrauen einen dreiwöchigen Kurs in Haus-
haltsführung mit anschliessendem Praktikum organisiert. Als
Schülerin wird Rosmarie Michel für dieses Praktikum in die Betriebskantine der Horgener Fabrik geschickt.

*Ich habe selten in meinem Leben schwerer gearbeitet: Spaghetti-
Tomatensauce-Arme bis zum Ellbogen – es gab ja damals noch keine
Abwaschmaschinen. Die Küchenaufsicht hatte keine Ahnung, dass
mir zu Hause das Essen serviert worden ist und ich an so schwere
körperliche Arbeit nicht gewöhnt war.*

*Eines Tages, damit ich auch ja genug zu tun hatte, hat man mich
noch ins Dorf geschickt, um Rechnungen zu begleichen. Im Comesti-
ble-Laden bin ich erwacht unter einem Berg von Karotten und Kartoffeln, nachdem ich die zweite Ohnmacht meines jungen Lebens
erlebt hatte. Die Ladenbesitzerin war die Freundin meiner Schlum-
mermutter, die dann auf der Stelle meine Mutter angerufen und ihr
gesagt hat, ihre Tochter werde in der Betriebskantine der Feller AG
ausgebeutet! Meine Mutter war zwar nicht so leicht zu beeindrucken, aber sie fand, eine Ohnmacht sei dann doch ein bisschen viel.
Also hat sie in der Schule angerufen und gebeten, man möge mir
doch etwas Leichteres geben. Ab sofort wurde ich fürs Buffet und die
Kasse eingeteilt, und auch Büroarbeiten mussten erledigt werden.*

*Als ich am nächsten Morgen zur Arbeit gekommen bin, hat man
mir gesagt, Frau Feller möchte mich sprechen. Da stand ich also vor
ihr: Sie hätte gehört, was mit mir passiert sei – offenbar sei ich über-
arbeitet. Ich protestierte zwar, so schlimm sei es nicht, aber sie sah
das anders: Ab sofort müsse ich nicht mehr in der Küche arbeiten
und keine Betriebskleidung und keine gestärkte Haube mehr tragen.
denn von jetzt an würde ich anders eingesetzt.*

*Das also war meine erste Begegnung mit der Frau, die in meinem
späteren Leben so wichtig werden sollte. Für sie wurde diese Begeg-*

nung eine amüsante Anekdote. Später, wenn sie mich an einer Veranstaltung oder bei ihren Gästen vorgestellt hat, machte es ihr immer Spass zu sagen: «Jetzt ist sie schweizerische Präsidentin der BPW, aber kennengelernt habe ich sie in meinem Betrieb als Tellerwäscherin.»

Es ist typisch für die Unternehmerin, dass sie sich auch um solche Dinge kümmert. Nicht dass sie sich neben ihrer überaus anspruchsvollen Tätigkeit als international aktive Firmeninhaberin über Arbeitsmangel beklagen könnte: Als Kunstförderin und Sammlerin ist sie Mitglied der Eidgenössischen Kunstkommission, als Unternehmerin nimmt sie auf verschiedenste Arten ihre soziale Verantwortung wahr – so eröffnet sie zum Beispiel eine Zweigstelle in Thusis, damit es neue Arbeitsplätze in einer Region gibt, wo es daran mangelt –, als Protestantin ist sie Mitglied des Ökumenischen Rats – eine Tätigkeit, die sie nach Moskau oder New York führt –, und als Berufsfrau ist sie aktiv im Schweizerischen BPW. In dieser Eigenschaft wird sie die erste Schweizerin, die zur Internationalen Präsidentin gewählt wird, und damit erweitert sich ihre Reisetätigkeit. Und sie ist auch eine der ersten Frauen in der Schweiz mit Verwaltungsratsmandaten, wie zum Beispiel bei der Schweizerischen Volksbank. Neben all dem nimmt sie sich die Zeit, Frauen wie Rosmarie Michel zu fördern, indem sie sie mit Aufgaben eindeckt, die auf den ersten Blick immer fast nicht zu bewältigende Herausforderungen darstellen.

Elisabeth Feller mag robust aussehen, sie ist es aber nicht. Sie stirbt völlig unerwartet an einer Herzschwäche im Alter von 63 Jahren. Niemand kann es fassen, dass diese energiegeladene Frau mitten in diesem aktiven Leben aus ihrer Tätigkeit herausgerissen wird, und auch Rosmarie Michel trauert um den Verlust ihrer Mentorin, mit der sie übrigens – zeit- und zürichgemäss – nie über das formelle «Sie» hinausgekommen ist.

Bevor sie jedoch zum Trauern kommt, muss sie eine schwere Aufgabe erfüllen: Der damalige Vorstandsvorsitzende der Feller AG bittet sie, die Abdankungsrede in der grossen Hallenkirche zu halten. Es ist eine ihrer bemerkenswertesten Eigenschaften, dass sie in solchen Situationen über sich selbst hinauswachsen und ihre Verantwortung wahrnehmen kann. In der überfüllten Horgener Kirche findet sie die richtigen Worte: *Ich habe versucht, einzubringen, was sie am besten gemacht hat, nämlich: Sie hat Türen geöffnet, für die Mitarbeiter wie für uns alle.* Es wird eine wunderbare Abdankungsrede, aber diese Herausforderung ist zu viel, denn danach bricht die Rednerin hinter der Kirchentüre in Tränen aus.

Die Mutter und die Mentorin haben Pflöcke eingeschlagen, und die vielen Parallelen zwischen ihnen und Rosmarie Michel erstaunen. Sie hat diesen beiden Vorbildern keine Schande gemacht, hat sich in vielen ähnlichen Situationen bewährt und sie in manch anderen übertroffen. Für sie waren Vorbilder eine natürliche Beigabe auf dem eigenen Weg zu Leadership, und sie ist bis heute äusserst dankbar für das Vermächtnis dieser beiden Frauen. In den Jahrzehnten ihrer aktiven Bestrebungen, Frauen in aussagekräftige Positionen in der Wirtschaft zu bringen, hat sie immer wieder betont, wie sehr ihr diese Vorbilder geholfen haben, ihren Teil der Verantwortung zu übernehmen und ihren Beitrag zu leisten.

Mit ihrer Tätigkeit im internationalen BPW-Vorstand erweitert sich der Horizont, und das dritte Vorbild kommt vom anderen Ende der Welt: Die Australierin Beryl Nashar ist die Internationale BPW-Präsidentin, die ihr am nächsten steht, von der sie am meisten gelernt hat. Die promovierte Petrologin ist Witwe und Mutter eines Sohnes, eine kluge Frau mit einem grossen Beziehungsgeflecht.

Rosmarie Michel tut das Ihre, dieses Netz noch zu erweitern. Wenn der Gast aus Australien auf seinen tätigkeitsbedingten Reisen nach Europa kommt, schliesst dies oft auch Zürich mit ein; dann lädt die Zürcherin Petrologen-Kollegen von der ETH[9] zu einem Kenntnis- und Erfahrungsaustausch in ihr Haus ein.

---

9   ETH: Eidgenössische Technische Hochschule, also Universität, in Zürich mit weltweitem Renommee.

Die beiden Frauen verbindet die Freude am Kreieren, an der Innovation miteinander; sie arbeiten sehr gut zusammen, wozu sie unter anderem im Verbandsbüro in London Gelegenheit haben.

Wenn die anderen Vorstandsmitglieder essen gingen – immer sehr wichtig in solchen Gremien –, haben wir in der kleinen Küche des Büros am Tisch gesessen und bei leerem Kühlschrank und viel Mineralwasser gearbeitet. Natürlich habe ich im Laufe der Zeit dafür gesorgt, dass der Kühlschrank dann nicht mehr so leer war ...

Sie liebt diese Art von Herausforderungen: die Zusammenarbeit mit einem Menschen, der in einer anderen Sprache zu Hause ist, aus einer anderen Kultur kommt, an andere Strukturen gewöhnt ist. Der Verband ist auf über 200 000 Mitglieder aus der ganzen Welt angewachsen; er braucht neue Strukturen. Beide Frauen haben einen ausgeprägten Sinn für Humor und lachen gerne, was sie wahrscheinlich auch den leeren Kühlschrank hat ertragen lassen.

Da gibt es noch die Geschichte mit dem «BPW-Hut». Zu der Zeit musste die Präsidentin bei offiziellen Anlässen noch «behütet» sein. Beryl Nashar war ca. 1,75 m gross und sehr schlank; ich war weder noch. Was uns in Bezug auf Mode verband, war die Tatsache, dass wir beide keinen Hut tragen wollten, aber mussten. Also haben wir einen Hut gefunden, der weich und von unbestimmbarer Farbe war, den dann immer diejenige trug, die gerade mit Hut irgendwo antreten musste, und den sie sich auf ihre Weise zurechtknuffte.

Eines Tages habe ich sie eine grosse Treppe herunterkommen sehen; sie trug den Hut auf Beryl-Nashar-Art, und ich habe bei mir gedacht: «Also, soooo würde ich diesen Hut nie tragen.» Es würde mich gar nicht wundern, wenn sie bei meinen Hut-Auftritten ähnlich reagiert hätte.

Sie war eine gescheite und humorvolle Frau, und ich habe viel von ihr gelernt, besonders in Bezug auf den Umgang mit Menschen. Sie wusste immer genau, wann sie bestimmt auftreten, wann sie nachgeben und wann sie verhandeln musste.

Drei ganz verschiedene Frauen, viele verschiedene Lektionen, aber auch viele Ähnlichkeiten, wobei das Übernehmen von Verantwortung, das Bewältigen von Herausforderungen, das Führen von Menschen und – immer wieder – der Sinn für Humor, das gemeinsame Lachen wichtige Stichworte sind.

Es waren bedeutende Frauen, und sie haben mich einer Nachfolge für würdig befunden. Sie und die Menschen, die ich zu meinen Mentorinnen und Mentoren zähle, hatten in meinen Augen eine grosse Stärke: Sie haben mir die Erfüllung ganz verschiedener Aufgaben zugetraut, ohne je zu fragen, ob ich das wollte oder könnte.

Man ist versucht hinzuzufügen: «Ich habe dann mein Bestes getan, um dieses Vertrauen zu rechtfertigen.» So etwas würde Rosmarie Michel allerdings nie von sich sagen, doch denken darf man das schon, nicht wahr?

International President BPW Rosmarie Michel.

VI

Lehr- und Wanderjahre mit BPW

Let us build together and see what we can make.
Dr. Lena Madesin Phillips

Wenn Rosmarie Michel betont, die Stärke ihrer Vorbilder habe darin gelegen, dass sie sie nicht gefragt haben, ob sie sich für eine Funktion qualifiziert fand, sondern ihr einfach zugetraut haben, dass sie diese Funktion zur Zufriedenheit aller ausüben könnte, dann mag das auf den ersten Blick etwas seltsam scheinen. Dramatisch ausgedrückt, könnte man hier von Nötigung sprechen. Wenn man dann aber weiss, wie gerechtfertigt dieser Akt des Zutrauens war, kann man nur noch staunen ob der Weitsicht dieser Mentorinnen.

Der Satz *Ich habe mich zeit meines Lebens nie für ein Amt oder eine Position beworben,* ist eine der Aussagen von Rosmarie Michel, bei der ein wenig Stolz mitschwingt. Stimmt. Sie hat sich nicht bewerben müssen, sondern man hat sie für gewisse Funktionen und Nachfolgen einfach bestimmt – und sie dann prompt alleine gelassen. (Die erste öffentliche Rede ist nur ein Beispiel von mehreren Situationen, wo sie in eiskaltes Wasser geworfen wird und schwimmen lernen muss.) So wird sie zum Beispiel fast über Nacht zur Schweizerischen BPW-Präsidentin – nein, nicht gewählt, sondern bestimmt.

Nicht dass da jemand plötzlich gestorben oder funktionsunfähig geworden wäre. Der Schweizer Verband hat eine Präsidentin: Madeleine Jaccard heisst sie, arbeitet bei der ILO[10] in Genf.

---

10 ILO: International Labor Organization; Internationale Arbeitsorganisation.

Sie war eine kluge und sehr nette Frau; ich habe sie sehr gemocht. Und Nettsein ist zurzeit nicht gefragt, denn der 1947 gegründete schweizerische Verband steht vier Monate vor seinem *Silver Jubilee,* und da gibt es noch einiges vorzubereiten. Elisabeth Feller findet, dass es eine Zürcherin sein muss, die bei diesem Jubiläum federführend und allgegenwärtig sein wird, und sieht in der Urzürcherin Rosmarie Michel die genau richtige Person für diese prestigereiche Grossveranstaltung.

An einem Abend nach einem Anlass auf der «Meisen» lädt Elisabeth Feller ihre Mentee in die edle Savoy-Bar zu einem Glas Wein ein.

Sie eröffnet die Konversation mit der Mitteilung, dass Rosmarie Michel in Kürze schweizerische Präsidentin sein würde; der Vorstand sei einverstanden. Der Einwand der Überrumpelten, es gebe doch schon eine Frau in diesem Amt, wird vom Tisch gewischt mit der Bemerkung, auch diese Frau sei einverstanden. Amtsübernahme sei sofort, und die nächste Sitzung finde bereits im Büro am Central statt.

Elisabeth Feller nein zu sagen, wäre Rosmarie Michel nicht in den Sinn gekommen. Doch zuerst will sie mit Madeleine Jaccard unter vier Augen sprechen, sie um Entschuldigung bitten für diese usurpatorische Amtsübernahme. Aber die Nochamtierende ist völlig einverstanden und überhaupt nicht verärgert, zumal die Bedingungen, die ihre Nachfolgerin mit ihrer Zusage verknüpft, ihr noch eine Auslauftätigkeit lassen:

Ich habe zwar angenommen, aber zwei Bedingungen gestellt. Erstens sei ich als Vollberufstätige zeitlich nicht in der Lage, diese anspruchsvolle Funktion ohne Hilfe auszuüben. Ich brauchte daher ein Sekretariat. Und damit kam eine wichtige Stütze in mein Leben: Gertrud Escher, effizient, diskret und loyal. Es war der Beginn einer langjährigen Zusammenarbeit. Wir haben zusammen das Sekretariat aufgebaut, und sie ist mir erhalten geblieben, als ich Internationale Präsidentin wurde.

Zweitens konnte und wollte ich nicht mein Leben von einem Tag auf den anderen komplett umstellen. Ein Landespräsidium umfasst eine ausgedehnte Reisetätigkeit, und ich schlug vor, dass Madeleine Jaccard vorläufig als Vertreterin der Schweiz im internationalen Verband amten solle. Damit waren alle einverstanden, und am Weltkongress in Kanada, der kurz darauf angesagt war, haben dann Madeleine Jaccard und Elisabeth Feller die Schweiz kompetent vertreten.

Vielleicht fühlte sich die Amtsinhaberin von der Aufgabe, das Jubiläum zu organisieren, überfordert, und gehörte zu den klugen Menschen, die wissen, wo ihre Grenzen liegen? Wie dem auch sei, die im Hintergrund agierenden Drahtzieherinnen haben offenbar an den richtigen Drähten gezogen, um sowohl die richtige Frau für einen wichtigen Job zu bekommen als auch das Ganze in Harmonie über die Bühne zu bringen.

Zuvor allerdings muss da noch etwas Offizielleres passieren, wofür sich die Delegiertenversammlung, die diesmal in Sierre stattfindet, perfekt eignet. Und das geht so:

Im Rathaus von Sierre bildeten 300 Schweizer BPW eine beeindruckende Kulisse. Madeleine Jaccard trat ans Rednerpult und verkündete, dass ich die nächste Präsidentin wäre; alle klatschten, und so wurde ich nicht gewählt, sondern mit Akklamation ernannt. Vorgängig hatte die Präsidentin des Zürcher Clubs, Margrit Haemmerli, mein CV[11] vorgelesen, und damit war ich Schweizer Präsidentin.

Wenn sich das märchenhaft anhört, so muss man sich vor Augen halten, dass diese Funktionen nie das sind, was der Titel verspricht. In den meisten Fällen gibt es mehr Frustration als Freude, mehr Arbeit als Anerkennung. Auch Rosmarie Michel hat sich ihre Sporen abverdienen müssen, ist mit ihrer Innovationsfreude hie und da auf Widerstand gestossen, hat sich von einem Mitglied

---

11 Curriculum Vitae.

des Zürcher Clubs sagen lassen müssen, sie sei unfähig und sollte zurücktreten und anderes mehr. Aber weil sie nun wirklich die Richtige am richtigen Ort war, haben bei ihr Freude und Anerkennung überwogen.

Mit der Anerkennung tun sich die Schweizer ja ohnehin schwer, heute vielleicht weniger, aber damals schlug das puritanische Zürich noch stark durch. Das spontane Kompliment, das den amerikanischen Alltag um vieles erträglicher macht, kommt den Schweizern, und besonders den Zürchern, nicht so leicht über die Lippen, was nicht unbedingt heissen muss, dass sie keine Anerkennung zollen:

Ich hatte auf Einladung der Mitherausgeberin des «Schweizerspiegels» meinen ersten Artikel, eine Zusammenstellung über alte Zürcher Rezepte, veröffentlicht. Als ich das nächste Mal Gast auf der Stotzweid, dem Wohnsitz der Fellers in Horgen, war, wurde mir ein Platz oben am Tisch zugewiesen. Ich fragte die Mutter von Elisabeth Feller, warum mir dieser Ehrenplatz zugeteilt worden war, und sie antwortete: «Weil Sie Ihren ersten Artikel veröffentlicht haben.»

In dieser Aussage schwang wohl die Erwartungshaltung mit, dass der erste Artikel nicht der letzte sein würde. Und so war es auch: Rosmarie Michel wird noch einige Artikel schreiben, und sie werden nicht nur von süssen Zürcher Spezialitäten handeln. Sie wird sie schreiben, weil sie sie schreiben muss, aber man ist nie versucht zu sagen, dass an ihr eine begnadete Publizistin verloren gegangen sei. Da steht ihr die Zürcher Zurückhaltung im Weg; sie schreibt in knappen, sachlichen Hauptsätzen, die über Fakten, nicht Gefühle Auskunft geben.

Es gibt den vielzitierten Rat des französischen Staatsmanns Georges Clemenceau, der, bevor er Ministerpräsident Frankreichs wurde, auch als Schriftleiter bei einer Zeitung gearbeitet hatte; dort soll er neu eintretenden Journalisten den folgenden Rat gegeben haben: «Schreiben Sie kurze Sätze: Substantiv, Verbum, Objekt, fertig. Bevor Sie ein Adjektiv schreiben, kommen Sie zu mir

Silver Jubilee der BPW Schweiz 1972 im Stadthaus Zürich (v. l. n. r.): Stadtpräsident Dr. Sigmund Widmer, Rosmarie Michel in Zürcher Staatstracht, Nationalratspräsident William Vontobel, Internationale Präsidentin BPW Nazla Dane, Ehrenpräsidentin Elisabeth Feller.

Empfang der Internationalen Präsidentin BPW im Muraltengut der Stadt Zürich 1983: l. Stadtrat Kurt Egloff; r. Stadtpräsident Thomas Wagner.

in den dritten Stock und fragen, ob es nötig ist.» Irgendwie muss
Rosmarie Michel von diesem Rat Kenntnis gehabt haben, denn
ihr Stil entspricht dem hier geforderten eher als dem blumigen
einer, sagen wir, Rosamunde Pilcher. Natürlich sind ihre schrift-
lichen Äusserungen veröffentlicht worden; sie haben keine Flut
von Fan-Briefen ausgelöst. Aber wenn es ans Briefeschreiben geht,
lässt sie sowohl Emotionen als auch Adjektive zu und löst in den
Menschen, die solche Briefe bekommen, ein Gefühl der Wärme
und Freundschaft aus. Und sie erreicht in den allermeisten Fällen
auch das, was sie mit solch einem Brief angestrebt hat – aber das
wundert inzwischen wohl niemanden mehr, oder?

Bevor sie als Schweizerische Präsidentin Anerkennung ern-
ten wird, muss sie zuerst einmal Erwartungshaltungen befriedigen – und die steigen in dem Masse, in dem ihre Funktionen
anspruchsvoller werden. Schon längst ist sie auch international für
BPW tätig, wie zum Beispiel 1977 als Leiterin der Schweizer Delegation beim internationalen BPW-Kongress in Helsinki.

*Als Gründungsland von BPW stellt die Schweiz immer eine
Vize-Präsidentin von insgesamt sechs. Man hatte mir gesagt, dass ich
auch dieses Amt wahrnehmen müsste, als «eine unter sechs» (drei
davon waren im Executive Board, drei in beratender Funktion),
was ich akzeptierte. Natürlich sah ich mich als frisch Dazugekom-
mene als eine von den drei Beraterinnen.*

*Am Kongress selbst war meine Hauptaufgabe aber eigentlich eine
andere, nämlich die Teilnehmerinnen zum Golden Jubilee des Internationalen Verbandes, das 1980 in Montreux stattfinden sollte, einzuladen. Diese Einladungen sind immer auch grosse Werbeveran-
staltungen, und die Schweizer Delegation hat das hervorragend gemacht.*

*Als es zu den Wahlen kam, sass ich auf dem Podium in Stimmen-
zähler-Funktion oder was auch immer. Die Stimmenzahl für die
Wahl der Vizepräsidentinnen wurde verlesen: Ich hatte die meisten
Stimmen und wurde somit First Vice President. Man hat mir später
gesagt, es sei schrecklich gewesen, mich anzuschauen, ich hätte ausge-*

sehen, als ob man mir einen Kübel kaltes Wasser über den Kopf gegossen hätte; ich war so entsetzt, dass mir so etwas geschehen war.

Bei Rosmarie Michel ist solch eine Reaktion kein Kokettieren mit der eigenen Bescheidenheit – sie hat schon einen Leistungsausweis und weiss um den eigenen Wert. Ihr Entsetzen ist auch nicht gespielt. Es sind legitime Gründe, die ihr die Freude an einer so ehrenvollen Wahl verderben:

Meine Angst war berechtigt. Es handelte sich um eine Aufgabe, die man nicht umschreiben kann und die ich noch nicht erfasst hatte, und ich war wirklich der Meinung, hier nicht am richtigen Platz zu sein:

- *Ich hatte das Gefühl, dass ich das zeitlich und in Bezug auf Belastung nicht mit meinem Beruf vereinbaren könnte.*
- *Englisch war nicht meine Muttersprache.*
- *Noch nie hatte ich mit den strengen* Parliamentarian Rules, *nach denen die Versammlungen geführt werden, gearbeitet.*
- *Ebenso hatte ich noch nie mit einem Gremium dieser Grösse – mehr als 200 000 Mitglieder in 150 Ländern – zu tun gehabt.*
- *Und dann war ich noch nie in Südamerika, Zentralafrika oder Asien gewesen, aber ich wusste, dass sehr grosse kulturelle Unterschiede bestanden.*

Schon bald muss sie jedoch in dieser neuen Funktion aktiv werden: Ein *Board Meeting* des Internationalen Verbandes in Athen steht an. Eigentlich würde sie in Zürich gebraucht, wo ihre Schwägerin vor kurzem an einem Hirntumor gestorben ist. Es ist die Trauerarbeit einerseits und die Sorge um die Nichte und den Neffen, die ihre Mutter verloren haben, andererseits, die sie beschäftigen. Kurzerhand lädt sie ihre Nichte Regula ein, mit ihr nach Athen zu kommen, wo die zukünftige Kunsthistorikerin in die antike Kunstwelt eintauchen kann, unter der kundigen Führung ihrer Tante, die ja bei den Busy-Reisen diese Welt schon aufgesogen hat. Sie verbringen wunderschöne Tage, und so kommt die

Erste Vizepräsidentin entspannt am Tagungsort, einem der grössten Hotels in Athen, an – sie ahnt nicht, was sie erwartet.

«Für den ersten Tag des Meetings hatten wir in einer Suite des Hotels den offiziellen Empfang für Vertreter des Corps Diplomatique und Kadermitglieder von Schweizer Firmen organisiert. Ich bin, wie üblich, etwas früher erschienen, um zu prüfen, ob alles in Ordnung war. Zum Glück, denn ganz offensichtlich war diese Suite vor kurzem von einem Hunnenheer verlassen worden – ich habe selten so ein Chaos gesehen!

Sie telefoniert mit der Réception; dabei stellt sich heraus, dass man sich um eine Stunde geirrt hatte.

Das nützte mir allerdings gar nichts: In den hochoffiziellen Einladungen hatten wir auf einen Zeitpunkt eingeladen, von dem wir noch ca. 15 Minuten entfernt waren, und ich wusste, dass diese Leute pünktlich sind. Also habe ich telefonisch alle Board Members zusammengetrommelt. Im Badezimmer gab es noch einige saubere Tücher; die habe ich feucht gemacht, jeder ein Tuch in die Hand gedrückt und ihr gesagt, wo sie was putzen müsse, welche Kissen aufzulockern wären usw. Inzwischen habe ich der Crew vom Hotel klargemacht, dass das Cocktail-Buffet parat sein müsse, und genau eine Minute, bevor der erste Gast kam, sind wir mit allem fertig geworden, inkl. alle schmutzigen Tücher hinter den Vorhang in der Dusche zu werfen, in der Hoffnung, dass jemand, der das Badezimmer benutzen würde, sie nicht dort entdecken würde.

So hektisch es kurz zuvor gewesen war, wir standen da mit einem herzlichen Willkommenslächeln auf den Lippen und versuchten, wie es auf Englisch heisst, «cool, calm and collected» auszusehen.

Die Vorstandskolleginnen fanden, dass sie für solch ein Krisenmanagement ausgesprochen begabt sei. Damit hatten sie absolut Recht: In solchen Momenten zeigt Rosmarie Michel, was für Leadership-Qualitäten in ihr stecken. Dass das Ganze eine Art Trockenübung für «Mehr vom Selben» in grösserem Umfang ist, weiss sie zwar noch nicht, aber hätte sie es gewusst, wäre sie auch nicht nervös geworden. Krisen sind da, um gemanagt zu werden. Punkt.

Geschichten in Bezug auf pragmatisches Eingreifen: ein Thema mit Variationen. Ihr Lebensthema? EIN Lebensthema. Die Frau der schnellen Entscheidungen weiss sie auch umzusetzen, hilft bei der Implementierung und kann, wenn es sein muss, ganz hübsch autokratisch sein. Sie lässt einem dann keine Zeit, viel über die Entscheidung nachzudenken, geschweige denn, ihn in Frage zu stellen. Nach und nach merkt ihr jeweiliges Umfeld aber, dass die Entscheidungen auf einer soliden Basis gefällt werden, dass sie sich sehr gut überlegt hat, was wann zu geschehen hat, und dass sie notfalls – nicht gerne, aber aus Fairness – einen Fehler zugeben und mithelfen würde, ihn zu korrigieren.

Ihr engstes Umfeld weiss das sowieso, und so ist es natürlich keine Frage, wem die Organisation des 50-Jahre-Jubiläums von BPW International obliegt. Es ist sehr wichtig, dass der gute Ruf der Schweiz als Gründungsland dieses weltweit tätigen Verbands erhalten bleibt, und das heisst hier: ein wunderschöner Ort (Montreux), eine perfekte Organisation (verantwortlich: RM und ihr OK-Team), reibungslose Abläufe (150 Freiwillige), genügend Komfort (Sponsoren) und genügend Platz (grosses Kongressgebäude) sowie herzlich-helvetische Gastfreundschaft. Sie wird das alles liefern, wird ihren Ruf als eine für den Verband engagierte, hocheffiziente Leader-Persönlichkeit festigen, aber mit dieser zeitintensiven Gratisarbeit auch an der Grenze der Belastbarkeit entlanggleiten.

Als schweizerische Präsidentin hatte sie jeden Schweizer Club mindestens zweimal besucht und offenbar keinen schlechten Eindruck hinterlassen. Sie ruft, und die Freiwilligen kommen scharenweise, obwohl es nicht einmal eine Spesenvergütung gibt. Sie hat sich zum Ziel gesetzt, den Kongress mit Gewinn abzuschliessen, und wenn das passiert, könnte man das Thema «Spesenvergütung» noch einmal behandeln. Um es gleich vorwegzunehmen:

Nach dem Kongress bekommt jede Freiwillige nicht nur ihre Aus-
lagen ersetzt, sondern auch noch ein kleines Geschenk.

Der Kongress soll nicht zu einer trostlosen Abfolge von Referaten und Workshops werden, sondern ein Lebensraum, in dem
sich Kulturen begegnen. In ihrer gewohnt grosszügigen Art hat
sie deshalb das ganze Kongresshaus gemietet, was zwar eine beträchtliche finanzielle Investition bedeutet, aber für den richtigen
Rahmen sorgt.

Zwei Tage vor Kongressbeginn ist sie, zusammen mit ihrer
Equipe von 150 gutgelaunten BPW, in Montreux, um alles einzurichten. An ihrer Seite ist die Logistik-Spezialistin Dr. Ursula
Schulthess tätig. Rosmarie Michel wohnt im Hotel gegenüber,
gerüstet für mögliche Krisen, aber alles ist wunderschön – das
Wetter, die Aussicht und die Vorfreude auf die über tausend internationalen Delegierten.

*Es war der Tag, an dem wir das Kongresshaus übernehmen und
einrichten sollten. Ich gehe auf die Türe zu: Das Haus ist geschlossen.
Unruhe verbreitet sich unter den Freiwilligen. Der Direktor wird
telefonisch beordert.*

*Wir konnten uns aber nicht leisten, Zeit mit Warten zu vergeu-
den. Also habe ich mich oben auf die Treppe gestellt und bin mit den
150 Frauen die organisatorischen Details des Tages durchgegangen.
Ich habe das Glück, eine tiefe und tragende Stimme zu haben, und
komme notfalls auch ohne technische Hilfe aus. Dann kam der Direktor, der weder fähig noch kooperativ war, schloss die Tür auf – und
präsentierte die nächste Panne: Das Gebäude war aus gutem Grund
geschlossen gewesen, denn die letzten Kongressteilnehmer hatten es offenbar erst kurz zuvor verlassen! Es war schmutzig, wie ein Haus nach
einem Kongress eben hinterlassen wird. Dies war nicht der Moment,
wo ich mit dem Direktor über die Nichteinhaltung des Vertrags diskutieren wollte, sondern hier musste schnell etwas Drastisches geschehen. Also schicken wir zwei Teams ins Zentrum, um alles mögliche
Putzmaterial zu kaufen. Nachdem sie zurück sind, bietet sich ein ein-
drucksvolles Bild, von dem leider kein Foto vorhanden ist: Athen lässt*

grüssen, nur in viel grösserem Ausmass! 150 gestandene Berufs- und Geschäftsfrauen, ausgerüstet mit Putzmaterial, besetzen das Haus und machen sich an die Reinigung des Gebäudeinneren. Ich weiss nicht, wer vor uns das Haus benutzt hatte, aber diese Leute hatten offenbar nichts Besseres zu tun, als ihre Visitenkarte in Form von «be-nutzten» Kaugummis in den Pigeon Holes[12] *zu hinterlassen. Ich übernahm die Aufgabe, sie dort herauszuholen.*

Ansonsten hat sie mit dem Haus die richtige Wahl getroffen: Im Parterre ist der Kongress-Saal, im ersten Stock sind die Seminar- und Workshop-Räume, aber die Begegnungen spielen sich hauptsächlich im Keller ab, wo sich auf der gesamten Ausstellungsfläche die Schweizer Clubs mit ihren lokalen Spezialitäten von ihrer besten Seite zeigen und ein reger internationaler Austausch von Waren, Erfahrungen und Visitenkarten stattfindet.

An alles denkt sie, ganz so, wie sie als Gastgeberin in ihrem Zuhause eine Einladung vorbereitet:

- Das Untergeschoss ist fensterlos, aber die begabte Malerin Annemarie Bodmer malt Fenster mit Aussicht auf die Wände.
- Nichte Regula sorgt an einem Flügel dort für musikalische Untermalung.
- Vor dem Kongressgebäude gibt es eine Poststelle mit BPW-Stempel, die einen nie gesehenen Umsatz verzeichnet.
- Im Haus gibt es eine Bank und ein Reisebüro: Die Bank muss drei Stunden nach der Öffnung temporär zumachen, weil ihr das Schweizer Geld ausgegangen ist.
- Das Gebäude ist innen kalt und schmucklos; sie nimmt Kontakt auf mit dem Stadtgärtner, und schon wird ein ganzer Jungwald von Birken ins Kongresshaus geschickt.

---

12 Pigeon Holes: Postfächer für die einzelnen Kongressteilnehmer irgendwo in der Halle, wo man sich einschreibt; heute weitgehend durch elektronische Boards ersetzt.

Zwischendurch muss sie sich als Diplomatin betätigen: Dem Fotografen hat irgendetwas nicht gepasst, er hat nach einem Wutanfall das Kongresshaus verlassen. Sie nimmt ein Taxi und fährt in sein Atelier: Nachdem sie ihm versichert hat, dass er der Schönste, Beste, Liebste sei, kommt er zurück.

Diese Art von Kongress muss natürlich von einem Bundesrat eröffnet werden. Es ist Bundesrat Hans Hürlimann, dem diese Aufgabe zufällt. Zur Erinnerung: Es ist erst neun Jahre her, seit die Schweizer Männer den Schweizerinnen das Stimm- und Wahlrecht zugebilligt haben, und viele Männer können mit dieser Entwicklung noch nicht entspannt umgehen, finden nicht den richtigen Ton und laufen dauernd Gefahr, sprachlich in irgendein Fettnäpfchen zu treten.

Ich hatte ihn zuvor angerufen und gefragt: «In welcher Sprache werden Sie reden? Unsere offiziellen Sprachen sind Englisch, Französisch und Spanisch.» Seine Antwort war: «Nein, nein, ich rede auf Deutsch; der spanische König, der letzte Woche auf Staatsbesuch hier war, hat auch nur Spanisch gesprochen.» Ich traute meinen Ohren nicht, besonders im Hinblick darauf, dass ich nun eine weitere Übersetzung veranlassen musste. Ich habe ihn dann auf Französisch eingeführt und ihn dabei um Verständnis gebeten, dass ich ihn in der Sprache unserer Gäste vorstellte, aber ich wüsste ja, dass jeder Schweizer Bundesrat auch Französisch könne ... Es war pure Ironie, aber ich konnte es einfach nicht lassen.

Am Familientisch hatte ich eine Prognose gemacht: Er wird seine Rede anfangen mit Schillers «Wilhelm Tell», aber nicht mit ihm, sondern mit der Stauffacherin, die mit Vornamen Gertrud heisst, was zufällig auch der Name seiner Frau war. Ich habe ihn selbst am Bahnhof abgeholt. Er stieg aus dem Zug und sagte: «Ich habe mir gerade auf der Reise überlegt, wie ich anfangen soll, und beschlossen: Ich werde mit meiner Frau Gertrud beginnen.» Selten ist es mir schwerer gefallen, ernst zu bleiben.

Der Kongress war – wen wundert's? – ein Riesenerfolg, die Organisation reibungslos, die Stimmung geprägt von der liebevollen Gastfreundschaft der Schweizerinnen – man spricht über das *Golden Jubilee* noch heute. «A conductor is only as good as his orchestra», heisst es in einem Buch über Leadership,[13] und die Dirigentin Rosmarie Michel weiss, was sie an ihren Musikerinnen gehabt hat. Es war ein Gesamtkunstwerk, und das kann ja nie ohne gutes Teamwork gelingen.

Den nächsten Internationalen Kongress richtet der amerikanische Verband aus; er findet in Washington D. C. statt. Aus ferienbedingten Gründen wird er für August angesetzt – wer je Washington in einem seiner heissen Sommer mit der hohen Luftfeuchtigkeit erlebt hat, weiss, dass dies nicht die beste Voraussetzung für ein harmonisches Miteinander ist. Es ist 1983, der Präsident heisst Ronald Reagan, ehemaliger Hollywood-Schauspieler und in erster Linie ein hervorragender Kommunikator. Die Leichtigkeit, mit der er vor Publikum tritt und locker so viele Lacher erzielt, wie er will, ist weltbekannt; er gefällt sich in dieser Rolle und ist fast verstört, wenn er irgendwo nicht ankommt.

Die Kongressteilnehmerinnen sind für einen Besuch im Weissen Haus angesagt – ohne die Erste Vizepräsidentin allerdings, denn sie muss arbeiten. Als sie zufällig aus dem Fenster blickt, sieht sie die Busse, die die Teilnehmerinnen zum Weissen Haus hätten bringen sollen, vor dem Kongresshotel stehen. Was ist geschehen? Sie seien rechtzeitig am Portal gewesen, aber die Wache habe ihnen unmissverständlich klargemacht, dass es an diesem Tag keine Besichtigungen gebe. Alle Frauen sind verärgert, und die Demokratinnen haben Oberwasser.

Am nächsten Tag ist die ganze erste Seite der «Washington Post» voll mit einem Artikel über diese Zurücksetzung. Das wäre, so heisst es, typisch Reagan: Er hätte es nicht einmal für nötig

---

13 John Adair: Not Bosses, but Leaders. New York, 1996.

befunden, diese bekannten Berufs- und Geschäftsfrauen aus aller Welt persönlich zu begrüssen.

Der Präsident kann nichts dafür; es war sein Büro, das diesen Fauxpas begangen und die Busse wieder zurückgeschickt hatte. Angesichts der daraus entstandenen schlechten PR und mit seinem Gespür für die Wirksamkeit eines öffentlichen Auftritts weiss Ronald Reagan aber, dass man das nicht so belassen kann.

Wir sind an einer Arbeitssitzung, als das Telefon klingelt. Die Präsidentin ist gerade am Referieren, ich nehme ab, und auf der anderen Seite sagt eine Stimme: «This is the White House calling.» Ein Witz, sicher doch! Nein, es ist wirklich das White House. Eine weibliche Stimme sagt, dass der Präsident gerne persönlich kommen und eine Entschuldigung vorbringen möchte, und zwar am Nachmittag. Inzwischen hatte ich die Präsidentin ans Telefon gerufen, und ich machte ihr ein Zeichen, dass es aufgrund der Arbeitssitzungen am Nachmittag unmöglich sei, aber am nächsten Tag sei es okay. Es muss ihnen wirklich daran gelegen sein, denn sie sind auf die Terminverschiebung eingegangen.

Ronald Reagan auf dem IFBPW Congress in Washington.

Am folgenden Tag schwirren grosse, starke Männer mit schnüffelnden Hunden durch die Gänge, in Vorbereitung auf den grossen Auftritt. Das Rednerpult muss ausgewechselt werden: Mr. President spricht nur von seinem eigenen Pult aus.

Die Präsidentin musste ihn empfangen, und so musste ich als Erste Vizepräsidentin temporär den Kongress leiten und dann den Präsidenten der Vereinigten Staaten ankündigen – natürlich auch von seinem Pult aus …

Dann habe ich mich hingesetzt und der Dinge geharrt, die da kommen sollten. Und sie kamen! Mr. President hat sich vor all diesen Berufs- und Geschäftsfrauen dazu hinreissen lassen, auf die menschliche Urgeschichte zurückzugreifen: Wenn es die Frauen nicht gäbe, die das Feuer bewahrt hätten, würden die Männer noch immer mit Keulen über den Schultern durch die Urwälder stapfen und sich mit Lianen von Baum zu Baum schwingen. Und so weiter und so fort. Er kam sich wohl sehr witzig vor; das Publikum sah das anders und hat mit bleierner Stille reagiert.

Dafür durfte er aber am nächsten Tag wieder die Titelseite der «Washington Post» belegen. Der Tenor dieses Artikels: Das sei doch unmöglich, was sich der Präsident da geleistet habe! Ich habe der Internationalen Präsidentin gesagt, dass wir über all dem unsere Kinderstube nicht vergessen dürfen und uns trotz aller Aufregung bedanken müssten; wir haben dann einen Dankesbrief geschrieben, ihn dem Plenum vorgelesen und danach ins Weisse Haus geschickt.

Gegen Ende eines jeden Internationalen BPW-Kongress steht der Punkt «Wahlen» auf der Traktandenliste. Dann wird jeweils auch die neue Internationale Präsidentin für eine Amtszeit von zwei (inzwischen drei) Jahren gewählt. Diesmal wird es eine echte Wahl geben: Es stehen zwei Kandidatinnen zur Verfügung: eine aus Südafrika und eine aus Neuseeland. Man hatte auch Rosmarie Michel im Vorfeld des Kongresses angefragt, ob sie sich zur Verfügung stellen würde, aber sie hatte schriftlich abgesagt – aus beruflichen und familiären Gründen.

Ich war wirklich naiv; ich dachte, eine der beiden Kandidatinnen würde mit Kusshand gewählt; schliesslich waren es gestandene Frauen mit Muttersprache Englisch. Die USA und Europa wollten aber unbedingt eine Europäerin; sie haben mich bearbeitet, und ich sah ein, dass ich mich nicht verweigern konnte. Man hat mich dann from the floor[14] nominiert, und ich bin beim ersten Durchgang gewählt worden, mit doppelt so vielen Stimmen wie die beiden anderen Kandidatinnen. Und so wurde ich, was ich ganz bestimmt nicht hatte sein wollen: die neue Internationale Präsidentin, die zweite Schweizerin nach Elisabeth Feller.

Sie war ohne jegliche Ambition auf dieses schwierige und fordernde Amt nach Washington gereist. Hatte sie wirklich nicht gewusst, nicht einmal geahnt, dass sie als Internationale Präsidentin zurückkehren würde? Offenbar nicht. Wenigstens nicht bis zum Vorabend ihrer Wahl. Da sass sie nämlich beim Galadiner am Tisch 13 – und 13 ist ihre Glückszahl …

Nicht alle internationalen BPW-Kongresse sind so aufregend gewesen, aber so harmlos waren sie wiederum auch nicht. Bei den meisten gab es Probleme, die es zu lösen galt, und harte Diskussionen um Wahlen, Resolutionen oder interne Konkurrenzkämpfe. Letzteres war zum Beispiel der Fall beim ersten Internationalen Kongress, den Rosmarie Michel als schweizerische Präsidentin wahrnimmt. Der Kongress findet in Buenos Aires statt, zur Zeit von Isabella Perón; die Stadt ist wie eine Festung. An der Eröffnungsfeier müssen die Teilnehmerinnen drei Stunden vor Beginn im Kongresshaus sein, weil die Umgebung aus Sicherheitsgründen von Panzerwagen abgeriegelt ist.

Es gibt natürlich einen Empfang in der Schweizer Botschaft für die Gruppe von ungefähr zwölf Schweizerinnen. Rosmarie Michel ist die Delegationsleiterin; sie verlässt das Hotel, um Blu-

---

14　Spontan-Nominierung, die nicht auf einer Kandidaten-Liste erscheint

men für die Frau des Boschafters zu bestellen. Als sie zurückkommt, sagt der Concierge: «Ich bin so froh, dass Sie zurück sind.
Sie waren noch keine Minute weg, da haben sie angefangen zu
schiessen ums Hotel herum.»

Die Schüsse und Panzer sind nicht die einzigen Geräusche; zu
den Nebengeräuschen gehören beängstigende Zeichen einer bru-
talen Diktatur. Für die Kongressteilnehmerinnen sind Firmenbe-
sichtigungen geplant. Die Gruppe, die die Filiale von Coca-Cola
besuchen will, kommt schnell wieder zurück: Der Direktor war
eine Stunde zuvor gefangen genommen worden. Man hat Angst
um die Kongressteilnehmerinnen. Zu Recht: Die offiziellen Emp-
fänge finden alle am selben Ort statt, nacheinander – es werden
dieselben schrecklichen «Häppchen, die niemand essen wollte»
weitergereicht, und es sind immer wieder dieselben Gesichter –
alle Oppositionellen waren ja bereits verhaftet.

Die politische Situation ist nur eine der Schwierigkeiten. Auch
verbandspolitisch gibt es Probleme. Der US-Verband hat zwei
Kandidatinnen für das Präsidium nominiert: eine aus Hawaii und
eine von der Ostküste. Beide wollen das Prestige-Amt, das man
für private und politische Zwecke nutzen kann. Beide haben ihre
Anhängerinnen, die, sauber in zwei Parteien aufgeteilt, gegenein-
ander arbeiten. Eines Morgens klopft es sehr früh an die Zimmer-
türe der Schweizer Präsidentin.

*Die Abgeordnete der einen Partei möchte mit mir sprechen, denn
so könne es nicht weitergehen. Der Meinung war ich auch. Ich käme
doch aus einem urdemokratischen Land und hätte ein Gefühl dafür,
wie man mit Menschen umgeht: Sie würde in einer halben Stunde
mit einer Delegation vorbeikommen.*

Es gehört zu den, sagen wir, Besonderheiten von Rosmarie Michel, dass sie zwar einerseits ihre Verantwortung bis ins Letzte
und, wenn möglich, noch darüber hinaus wahrnimmt, andererseits alles daransetzt, ihre Privatsphäre zu wahren. Dazu gehört
unter anderem, dass sie bei solchen Anlässen jeweils in ihrem

Zimmer frühstückt und dort gewöhnlich niemanden empfängt.
Nun, dieser Kongress ist alles andere als «gewöhnlich». Sie hat
zwar ein grosses Zimmer, aber um 6.30 Uhr in diesem Zimmer
verständlicherweise ein ungemachtes Bett, was offenbar für die
15 Frauen, die um 7.00 Uhr hereinströmen, keine Hemmschwelle
bietet. Diejenigen, die keine andere Sitzgelegenheit finden, setzen
sich aufs Bett, und alle wollen auf einmal reden; die «Diskussion»
findet in drei Sprachen statt – Französisch, Englisch und Spanisch –, und die Einzige, die an der richtigen Stelle nickt, auch
wenn sie im Spanischen nicht alles versteht, ist die Schweizerin.

Als sie endlich zu Worte kommt, macht sie den anderen klar,
was man in einem demokratischen System tun darf und lassen
muss und wie unwürdig sie die Bearbeitung von Kongressteilnehmerinnen findet. Sie wollen Rat von ihr, sie sind bereit, diesen Rat
anzunehmen, und so kann sie eine Einigung erzielen: Der Streit
hört auf; die Ostküsten-Kandidatin wird gewählt.

Das Highlight für die Schweizer Delegation ist definitiv der
Empfang in ihrer Botschaft; alle wollen mit. Nachdem die Delegationsleiterin die Delegierten gebrieft hat, dass sie auf die Silber-
schale im Entree kein Trinkgeld, sondern ihre Visitenkarte legen
sollen, fahren sie in einer Kolonne von Taxis zur Botschaft.

*Ich hatte mich in Bern erkundigt, womit wir der Gattin des
Botschafters eine Freude machen könnten, und man hatte mir gesagt: mit zwei Dingen, die im Leben unerlässlich sind, Putzlappen
und Toilettenpapier. Jede Delegierte hatte so viele Rollen wie möglich in ihr Gepäck nehmen müssen, und wir haben diese Rollen dann
zum Empfang mitgenommen. Aber wir wollten es nicht bei etwas so
Prosaischem belassen, und so hatten wir auch ein Buch vom Landesmuseum gekauft. Damit konnten wir einen besonderen Erfolg erzielen, denn der Botschafter war Sammler dieser Art von Kunstgegen-
ständen.*

*Wie kommt man an solche Informationen? Nun, bei einem
Nachtessen im Berner Club sass einmal ein Herr Erni neben mir;
irgendwann im Laufe des Abends habe ich erfahren, dass er beim*

Auswärtigen Amt der «Chef de Protocol» war. Er hatte auch Elisabeth Feller gekannt, und weil er seine Sympathie für sie auf mich übertrug, sagte er mir, dass ich ihn anrufen sollte, wenn ich je etwas von diesem Amt brauchen sollte.

Und ob ich etwas brauchte! Es entstand eine sehr gute Zusammenarbeit: Vor jeder Reise habe ich die Namensliste der Delegierten eingegeben, die Situation des Landes und die Bedürfnisse der Botschaft erfragt; wenn ich alleine reiste, wurde die Reise offiziell eingetragen für den Fall, dass ich verloren ginge und man mich suchen müsste. Ich habe das alles sehr geschätzt, und Herr Erni steht bei mir auf einem Sockel.

Jeder internationale BPW-Kongress möchte natürlich mit einer besonderen Attraktion in die Annalen des Verbandes eingehen. Angesichts der bedrohlichen politischen Situation in Buenos Aires war die Hauptattraktion dort allerdings eher die Anschlussreise nach Peru und Bolivien.

Es ist Februar, eigentlich Sommer, aber diesmal spielt das Wetter verrückt: Es schneit zu dieser Jahreszeit. Zwei Mitglieder werden krank. Rosmarie Michel bringt sie im Flugzeug so unter, dass die Schwierigkeiten der Reise erträglich werden, aber sie ist beunruhigt. Offenbar sieht man ihr dies auch an. Ihr südamerikanischer Sitznachbar fragt, ob sie sich Sorgen mache. Sorgen? Ja sehr; die beiden Delegierten seien so krank, dass sie in La Paz ins Spital müssen, aber bis dahin sei noch der Flug zu bewältigen. «Machen Sie sich keine Sorgen; ich bin Arzt – hier ist meine Karte!» Dankbar schaut sie auf die Karte: Er ist tatsächlich Arzt – Augenarzt!

Die beiden Kranken werden ins Spital gebracht, die anderen im Hotel untergebracht. Es müssen Medikamente beschafft werden – da ist nicht so einfach in La Paz, klappt aber trotzdem. Nach 48 Stunden, fast ohne Schlaf, Ruhe oder Essen wird es auch für die Delegationsleiterin zu viel: Sie bricht zusammen.

Ihre Mutter hatte ihr in Zürich geraten, sich ein Pelzjäckchen zuzulegen, weil man so etwas zu der Zeit bei offiziellen Empfängen einfach trug; die in solchen Dingen zurückhaltende Schweizerin entscheidet sich schliesslich widerstrebend für das Unauffälligste, was sie finden kann: ein Nerzherzjäckchen. *Es sah aus wie ein Hackbraten, aber es war eine gute Investition, denn in Peru und Bolivien war es so kalt, dass ich es Tag und Nacht getragen habe – buchstäblich, denn ich bin damit auch zu Bett gegangen.*

Dann kommt die nächste Überraschung. Natürlich möchte die Gruppe die berühmten Ausgrabungen von Machu Picchu sehen. Man fährt mit Taxis durch die Anden nach Cusco; Rosmarie Michels Taxi hat keine Bremsen, dafür aber einen guten Fahrer, der mit der Handbremse umzugehen weiss ... Sie weiss nicht, ob sie lachen oder weinen soll, aber am Ende überwiegt die Faszination der Mischung aus grossartiger Natur, schlechtem Wetter, Kälte, aufregender Taxifahrt, den jahrhundertealten Ausgrabungen und der Besorgnis um die Delegationsmitglieder.

Die Damen sind auch in Cusco noch krank; wegen des schlechten Wetters ist es problematisch, ein Flugzeug nach Lima zu bekommen. Man hilft ihr, Buchungen zu arrangieren; jede Teilnehmerin fliegt auf eine andere Art nach Europa, über Madrid, London, Frankfurt, New York.

Ich habe gewartet, bis alle ihre Flugverbindungen hatten; die schweizerische Delegation und die zwei Kranken bekamen schliesslich Plätze in einem Flugzeug, weil wir sagten, wir seien eine VIP-Gruppe, die gerade von Isabella Perón in Argentinien gekommen sei. Als wir im Flugzeug sassen, fühlte ich mich plötzlich in ein Zürcher Tram versetzt. Ich traute meinen Augen nicht: Im Gang standen jede Menge Menschen, die sich an Griffen, die an der Decke angebracht waren, festhielten – und so sind wir tatsächlich nach Lima geflogen. Zum Glück waren nicht alle Reisen so abenteuerlich!

Abenteuerlich vielleicht nicht, aber genügend *action* hat es schon gegeben. Kurz vor Ende ihrer Amtszeit als Internationale Präsidentin repräsentiert sie den Internationalen Verband im Juli 1985 an der Frauen-Uno-Konferenz in Nairobi, ein ganz grosses Event,

das gleichzeitig mit einer pan-afrikanischen Frauenkonferenz abgehalten wird. Nairobi hat sich für die Teilnahme von ungefähr
zweitausend Frauen gerüstet, aber es kommt ein Vielfaches. 1400
Delegierte aus 157 Ländern sind angemeldet, doch neben diesen
Delegierten kommen Frauen aus allen Teilen Afrikas zu der zweiten Tagung – mit Autos, Velos, eigenen Lastwagen, Flugzeugen,
Zügen … Das letzte Hotelbett ist belegt.

*Ich konnte bei einem Vetter wohnen, der Dozent war an der Uni;
und ich hatte einen Wagen mit Chauffeur, den ich jeweils mit BPW,
die in die Stadt mussten, vollgestopft habe– es war schlicht chaotisch.
Ich war immer im Hauptsaal, so dass wir jederzeit Kontakt miteinander aufnehmen konnten – in einer Zeit lange vor den Handys.*

*Einmal kam eine junge Kenianerin auf mich zu und fragte, ob
ich eine Geschäftsfrau sei, denn ich sähe aus wie eine. Sie wolle eine
Schuhfabrik eröffnen, trotz der Tatsache, dass die Firma Bata in
Kenia bereits Marktführer war. Ich habe ihr gesagt, sie solle sich mal
vor Augen führen, wie ihre Landsleute «beschuht» sind: Viele tragen
Sandalen, viele laufen barfuss, aber viele haben auch verkrüppelte
Füsse. Hier könnte sie vielleicht eine Marktnische füllen; diese Art
von Schuhen müsste allerdings mit einer Spezialausbildung produziert werden. Wir haben am Rande der Sitzung zusammen einen
Business Plan gemacht; ich habe das Projekt dann weitergemeldet an
Women's World Banking[15], bei denen ich als Ehrengast eingeladen
war. Ich weiss nicht, wie diese Geschichte ausgegangen ist, aber für
mich ist sie ein Beispiel, warum ich immer sage: Ich habe in Afrika
sehr viel über Unternehmertum gelernt.*

Der Internationale Verband hatte Probleme mit der Mitglied-
schaft Südafrikas: Die UNESCO stellte ihn vor die Wahl, entweder Südafrika auszuschliessen oder nicht mehr Mitglied in ihrer
Organisation zu sein:

---

15 Women's World Banking: Institut für Mikrokredite

In einer Vorstandssitzung habe ich versucht zu klären, wie die anderen darüber dachten. Ich war der Meinung, dass der Vorstand für alle Mitglieder da sei und dass – vielleicht etwas überheblich – UNESCO mehr von uns profitieren konnte, als wir von ihnen. Der Vorstand sah das auch so; also haben wir einen netten Brief geschrieben, uns aber überhaupt nicht beeindruckt gezeigt.

Allerdings wollte ich eine Unterlage, die diese Entscheidung untermauerte. Ich war nach Zimbabwe eingeladen, um dort an einem Regionalseminar teilzunehmen, und auf dem Weg dorthin habe ich in Südafrika einen Stopp gemacht, und zwar unangemeldet. Interessant: Es gab gar keine Apartheid im Club! Typisch für solch eine Unterorganisation der UNO: Die hatten sich gar nicht erkundigt, worum es da eigentlich ging. Ich wollte wissen, wie viele schwarze, wie viele weisse Mitglieder der Club hatte; ich habe viele kennengelernt und die Zahlen, die ich brauchte und die kurzfristig für mich erstellt wurden, mitgenommen. Die Präsidentin war eine Weisse, eine ehemalige Deutsche; dass hier Schwarz und Weiss zusammengearbeitet haben, zur Zeit der Apartheid, war eine beachtliche Leistung. Dann haben mich die Mitglieder, die auch nach Zimbabwe zu diesem Seminar wollten, begleitet.

Bei ihrem Amtsantritt hatte die Schweizerin klar gesagt, dass sie aus beruflichen Gründen nur dann irgendwo hinreisen würde, wenn sie gemeinsam mit den Mitgliedern etwas erarbeiten könne, involviert würde, als Kommunikationsfrau nützen könnte etc., nicht einfach nur als Ehrengast. Das Seminar in Zimbabwe entsprach diesen Kriterien.

Gemeinsam mit der südafrikanischen Delegation fliegt sie also nach Zimbabwe und landet bei den Victoria Falls, wo alle durch den Zoll müssen. Das Empfangskomitee für die Internationale Präsidentin steht auf der anderen Seite der Grenze bereit, aber die Grenzwächter verwehren den Südafrikanerinnen die Einreise; die Schweizerin wollen sie schon hereinlassen, aber die anderen nicht.

Ich habe ihnen gesagt: Entweder alle oder keine. Grosse Aufregung auf der anderen Seite. Ich: «Versuchen Sie doch, diese Beamten zu beruhigen; erklären Sie ihnen, warum ich hier bin und so weiter und so fort ...» Nach einer halben Stunde entschliesst sich einer der Chefs plötzlich, nachzugeben und uns hineinzulassen.

Das Seminar ist wirklich wichtig und behandelt essentielle Fragen: Was können Frauen tun, um selbstständig zu werden? Wie können sie investieren? Was haben sie für Arbeitsmöglichkeiten? Was für Möglichkeiten haben sie innerhalb der Familie? Wie steht es mit dem Gesundheitswesen? Wie beschaffen sie sich Kredite und Know-how?

Unter den Teilnehmerinnen war auch eine Gruppe von Westafrika, die kein Wort Englisch konnte. Noch nie hatte ich so aufmerksame Zuhörerinnen: Sie sind förmlich an meinen Lippen gehangen. Sie hatten eine Dolmetscherin, doch ich weiss nicht, wie viel sie verstanden haben; es war für mich ein praktisches Beispiel von erfolgreicher Kommunikation, wie sie in unseren Breitengraden verkümmert ist.

Was dann folgt, ist typisch – für das, was Rosmarie Michel unter Kommunikation versteht, wie auch für die Art, wie sie auf Unerwartetes reagiert:

Am Abend gibt es ein wunderschönes Buffet; ich fand es zu üppig, aber dann hat man mir gesagt, es sei für das ganze Dorf eine Gelegenheit, mal wieder etwas Anständiges zu essen. Die Menschen dort sind sehr arm, und nach dem Wegräumen können sich alle bedienen. Ich sitze also am Tisch mit allen Ehrengästen und sehe, wie die Leiterin der Gruppe von Westafrika sich erhebt und geradewegs auf mich zukommt. Ich wusste ganz genau, was diese Frau wollte: Sie wollte mit mir auf dem Parkett vorne tanzen – es war ihre Art, danke zu sagen für diesen wichtigen Tag. Natürlich habe ich mit ihr getanzt. Selten hat mich etwas so berührt.

Damals war in Zimbabwe die Sowjetunion sehr engagiert, was

Maori-Gruss auf dem Internationalen Kongress BWP 1985 in Auck-land, Neuseeland.

Vorstand IFBPW, Venedig, 1996.

ich natürlich vorgängig wusste, denn als Repräsentantin einer internationalen Organisation durfte ich ja nicht in ein Fettnäpfchen treten. Einer der Versammlungsräume war ein Kino mit einer unmöglichen Bestuhlung; dort mussten wir die Rede einer lokalen Grösse unter Bildern von Stalin und Lenin über uns ergehen lassen. In seinen Äusserungen sprach dieser Mann laufend von einem «Comrade». Ich konnte nicht erkennen, warum er dauernd von diesen Top-Kommunisten sprechen musste, bis ich plötzlich realisierte, dass er mich meinte: Er hatte diese Sprechweise übernommen und übertrug sie jetzt auf mich.

Das Amt der Internationalen Präsidentin bringt eine ausgedehnte Reisetätigkeit mit sich, wenn man seine Pflichten ernst nimmt. Die Clubs reissen sich darum, eine Internationale Präsidentin an einem ihrer Anlässe zu den Ehrengästen zählen zu dürfen. Es ist für Rosmarie Michel eine der anstrengendsten Zeiten ihres Lebens. Lange bevor Manager mit ihrem Jetlag prahlen, besteigt sie oft am Freitag ein Flugzeug, um zu einem anderen Erdteil zu fliegen und am Montag wieder zurückzukommen. Was ihr dabei hilft, ist das Wissen, dass sich ihre Mutter bei diesen Gelegenheiten immer wieder kompetent um das Geschäft kümmert, aber eine Präsidentin, die wirklich mitten in einem fordernden Berufsleben steht, bricht nicht vor Trauer zusammen, wenn ihre Amtszeit abläuft …

Bevor dies eintritt, reist sie jedoch noch zu «ihrem»[16] Kongress nach Neuseeland. Es ist das Land der Maori, das aber auch ein Teil des Commonwealth ist:

Eine interessante Mischung! Ein wunderschönes Land, mit sehr netten Menschen, die sich, wie alle Insulaner, freuen, wenn Besuch

---

16 Jede Internationale BPW-Präsidentin beendet ihre Amtszeit an einem Kongress, den sie präsidiert, dessen Austragungsort jedoch bereits sechs Jahre zuvor festgelegt wird, damit der jeweilige Gastgeberverband Zeit genug hat, sich auf dieses fordernde Ereignis vorzubereiten.

kommt. Ich hatte ein riesiges Zimmer plus ein Sitzungszimmer mit Küche und Eisschrank. Das hat mich gerettet. Weil man wusste, dass ich gerne Süsses habe, hat man mir zum Empfang ein grosses, köstliches Dessert gemacht – davon und von ein paar Erdnüssen habe ich drei Tage gelebt, denn es blieb wenig oder keine Zeit zum Essen.

Die Maori-Königin, die übrigens erst 2006 verstorben ist, war eine sehr kultivierte Frau; sie sprach fliessend Englisch, hatte Europa bereist, hat sich als Botschafterin ihres Landes gefühlt, ihre eigene Kultur gekannt und konnte gut darüber erzählen. Wir haben zusammen den Kongress eröffnet; ich wusste, dass bei dieser Gelegenheit eine Maori-Gruppe auftreten und singen würde – etwas, was für europäische Ohren nicht sehr melodisch klingt und nicht verständlich ist. Nun ist es schwierig, mimisch auf etwas zu reagieren, wenn man nicht weiss, worum es geht. Ich habe die Königin gefragt, ob es eine Möglichkeit gebe, mich im Vorfeld ein wenig zu instruieren, und sie hat mir ihre Hofdame zur Verfügung gestellt, die – halb Maori, halb englisch – in beiden Welten zu Hause war. Sie kam jeweils um Mitternacht, und wir haben dann eine Stunde miteinander gearbeitet. Zum Glück, denn so habe ich gewusst, dass das Schrecken erregende Geschrei und das Stampfen dieser Männer hiess: «Wir freuen uns über euren Besuch, liebe Fremde! Seid uns herzlich willkommen!» Als ich das wusste, habe ich sie natürlich angelacht, und alle anderen Nicht-Maori haben es mir gleichgetan.

Im Rathaus gibt es den üblichen Empfang. Auckland hatte eine Bürgermeisterin, eine gebürtige Britin, die offenbar nicht «Hier!» geschrien hatte, als das Taktgefühl verteilt wurde. In ihrer Willkommensrede sagt sie, sie komme gerade von einem Besuch aus Tokio zurück und habe leider feststellen müssen, dass es dort gar keine *business and professional women* gebe. Rosmarie Michel traut ihren Ohren nicht:

Ich stehe daneben, unsere japanische Delegation steht in meiner Nähe; für eine Asiatin bedeutet solch eine Aussage den totalen Gesichtsverlust. Es ist wichtig, so etwas zu wissen und schnell zu reagie-

*ren. Ich habe für diesen wunderschönen Empfang in der City Hall
gedankt und gesagt, dass wir bereits Kontakt gehabt hätten mit den
Maori und dass dies für uns ein erinnerungswürdiges Erlebnis gewesen sei – und in Bezug auf Japan möchte ich ihr zur Beruhigung sagen: Das sei kein Wunder, dass sie diese Frauen nicht in Tokio gefunden hätte – die stünden nämlich vor ihr, wie sie sehen könnte. Wir
hatten eine starke japanische Delegation, da ein Mitglied für den
Vorstand kandidierte. Damit war alles wieder in Ordnung.*

Begreiflich, dass diese Frauen ihr am liebsten die Füsse geküsst
hätten. Begreiflich aber auch, dass sie noch heute, mehr als zwanzig Jahre nach dem Ende ihrer Amtszeit, einen einmaligen Status
geniesst. «Geniesst» ist hier vielleicht nicht das richtige Wort,
denn diese Ehre bedeutet immer wieder Krisensitzungen, Arbeit,
diplomatische Efforts und Höchstleistungen in Bezug auf Verhandlungsgeschick. Es mag etwas damit zu tun haben, dass sie
dieses Amt nicht angestrebt und nicht dazu benutzt hat, ihre
eigenen Verdienste in den Mittelpunkt zu stellen. Sie hat ihre
Aufgaben nie als Rosmarie Michel wahrgenommen, sondern immer als Repräsentantin einer weltweiten Vereinigung angesehener
Frauen. Wenn sie irgendwo vorne stand, vertrat sie die Mitglieder – dann hatte sie keinen Hunger, keinen Durst, keine Müdig-
keit oder sonstige menschliche Bedürfnisse zu haben. Erst kam
das Amt, dann erst die Frau, die es übernommen hatte.

Rosmarie Michel hat Massstäbe in Leadership gesetzt, und als
interessierte Aussenstehende hat man den Eindruck, dass niemand nach ihr diese Massstäbe erreicht hat. Warum sonst wäre
sie die einzige Internationale BPW-Präsidentin, die immer noch
laufend herbeigezogen wird, wenn die Querelen, wie sie in jedem
Verband vorkommen, zu Patt-Situationen zu eskalieren drohen?
Bis jetzt ist es ihr immer wieder gelungen, die Wogen zu glätten,
auszugleichen, an den *common sense* der Beteiligten zu appellieren,
gebefreudige Sponsoren oder Lösungen für verfahrene Situationen zu finden. Der Verband bedeutet ihr bis heute sehr viel, und

darum findet er bei ihr noch immer offene Ohren, wenn es ums Krisenmanagement geht.

Dr. Lena Madesin Phillips, die weitsichtige Gründerin, mag sich den Einsatz von *Business and Professional Women* für ihre Verbandskolleginnen weltweit wohl so vorgestellt haben.

Arnold und Vrendli Amsler, Architekten der Umbauten «Oliven-baum» und Schurterhaus.

Marianne Burkhalter, Architektin des Um- und Neubaus des Hotels Zürichberg.

VII

Planen und bauen

*Jede Verhandlungsweise sollte eine vernünftige Übereinkunft
zustande bringen – sofern Übereinkunft möglich ist. Eine vernünftige Übereinkunft nennt man eine Win-win-Situation.*
«Harvard»-Verhandlungskonzept[17]

Nicht nur im Ausland kann Rosmarie Michel Erfolge verbuchen;
auch in Zürich passiert in dieser Zeit einiges um sie herum.
*Gute Erinnerungen an interessante Länder, bereichernde Begeg-
nungen und wichtige Aufgaben hatten sich niedergeschlagen in einem Erfahrungsschatz, der mich dann auch für Menschen in meiner
Vaterstadt interessant machte. Nicht dass ich vorher Leistungsmög-
lichkeiten oder Gelegenheiten, etwas für meine Stadt zu tun, zu-
rückgewiesen hätte – die Disposition, auch hier meinen Beitrag zu
leisten, war in all den Jahren schon da gewesen, aber sie hatte niemanden interessiert. Die Wahl zur Internationalen Präsidentin eines weltweit tätigen Frauenverbandes und die daraus entstandene
Publizität in den Medien haben mich bekannt gemacht, auch in der
Schweiz. Wie überall, so auch hier: Die Prophetin gilt nichts im eigenen Land, bis sie sich draussen bewährt – dann kann man es ja
mal mit ihr versuchen …*

In den 80er-Jahren gab es in Zürich einige Projekte zu verwirklichen. Die Stadt ist an den Ufern der Limmat gebaut – ein Fluss,
der am Ende in den Rhein mündet und so eine Süd-Nord-Ver-

---

17 Roger Fisher, William Ury, Bruce Patton: «Das Harvard-Konzept». Frankfurt am Main 1984.

bindung symbolisiert. Rosmarie Michel fühlt sich von solchen
Symbolen sehr angezogen. Das Limmatquai auf der rechten Fluss-
seite war eine schöne traditionelle Einkaufsstrasse, deren Laden-
und Hausbesitzer sich in einer Vereinigung zusammengeschlos-
sen hatten, um den Quai zu beleben und zu verschönern.

*Ich fand das Anliegen wichtig für die Firma und habe gern auf
Anfrage zugesagt, im Vorstand mitzuarbeiten. Mit der Korrektur
der Limmat (Verbreiterung) veränderte sich das Strassenbild gewal-
tig. Die Fussgängerbrücken waren abgebrochen worden, der Fluss
wurde zum Kanal, zu einer Grenze zwischen den zwei Ufern statt
zum natürlichen Zentrum der Innenstadt. Die Vereinigung sah
Handlungsbedarf und wollte einen Fussgängersteg erstellen lassen.
Hans und Annemarie Hubacher, ein bekanntes Architektenpaar,
wurde mit der Neugestaltung beauftragt.*

Der Wunsch der Limmatquai-Vereinigung, diesen Steg zu bauen,
war gekoppelt an die Garantie, ihn auch zu finanzieren. Rosmarie
Michel fällt die Aufgabe zu, Geldgeber dafür zu finden. Also
macht sie sich auf den Geldbeschaffungsweg.

*Mein erster Gang war der zu einer Genossenschaft, die am west-
lichen Brückenkopf eine Filiale betrieb. Ich war eher einfach angezogen, habe mich ganz bescheiden aufs Wartebänkli gesetzt, bis man
mich empfing, und dann mein Projekt vorgestellt. Als ich hinaus-
ging, hatte ich die ersten dreissig Prozent der benötigten Summe.
Dann war der Gang zu den Grossbanken fällig: Dafür nahm ich
einen Garderobenwechsel vor und legte auch ein anderes Auftreten
an den Tag. Danach waren weitere dreissig Prozent auf dem Konto,
und die restlichen vierzig Prozent setzten sich zusammen aus dem
Beitrag der Vereinigung und weiteren kleineren Beträgen.*

*Die Stadt Zürich war verantwortlich für die zwei Brückenköpfe.
Es war nicht einfach, den Stadtrat von der Dringlichkeit des Projekts
zu überzeugen. Nach harten Diskussionen hat er aber zugestimmt und
auch den Unterhalt der ganzen Brücke übernommen. Der Steg ist zur
vielbegangenen Limmatüberquerung für Fussgänger geworden.*

Ein erfolgreiches Projekt mit Langzeitwirkung! Kein Wunder, dass das nächste nicht lange auf sich warten lässt. In Zürich soll eine S-Bahn gebaut werden; die Limmatquai-Vereinigung versucht, eine Station in der Nähe des Limmatquais zu bekommen, die den Zugang zur Universität und zu verschiedenen Spitälern gewährleisten soll – ein Versuch, der Verhandlungsgeschick und Feingefühl erfordert –, und da findet sich die Unternehmerin plötzlich mitten in der Politik:

Ich habe mit Regierungsräten über die Notwendigkeit der zusätzlichen S-Bahnstation diskutiert. Leider erfolglos. Die Angst vor Mehrkosten hat die Politiker zu einem Rückzieher der Vorlage veranslasst. In unserer direkten Demokratie müssen solche Entscheidungen vors Volk, und sie hatten Angst, dass es das ganze S-Bahn-Projekt ablehnen könnte. Also haben sie dem Stimmvolk eine «geschlankte» Vorlage vorgelegt, in der dann unsere Station nicht mehr enthalten war.

Und noch einmal Stadtentwicklung. Auf dem Brückenkopf der Bahnhofsbrücke, in unmittelbarer Nachbarschaft zum Hauptbahnhof, hatte ursprünglich ein Warenhaus gestanden, das bei der Korrektur des Flusses abgerissen werden musste. Ein Provisorium war erstellt worden, aber die Stadt wollte an dieser prominenten Stelle einen Neubau errichten. Das Projekt war in einem Wettbewerb ausgezeichnet worden, und nun wurde eine Betriebsgesellschaft gesucht, die das Gebäude zu finanzieren hatte.

Rosmarie Michel ist Verwaltungsratspräsidentin der Papierwerd AG (Name des Standortes). Ihre Aufgabe ist es, mit einem Team von Fachleuten Nutzung und Wirtschaftlichkeit zu prüfen. Für einmal ist ihr der Erfolg nicht treu: Es gelingt ihr nicht, Investoren für dieses Projekt zu finden. *Ich bin kläglich gescheitert, und, ganz im Sinne des bekannten Ausspruchs «C'est le provisoire qui dure»[18]: Das Gebäude steht heute noch und wird als Supermarkt*

---

18 Die Provisorien halten sich am längsten.

genutzt. Mein Fazit: Obwohl ich bei der Realisierung des neuen Projekts gescheitert bin, war das ein wichtiger Lernprozess.

Es ist ein für diese Frau typischer Kommentar. Bei Erfolgen spricht sie meistens von «wir», beim Scheitern sagt sie «ich». Wegstecken und weitermachen, ja. Aber auch analysieren: Wo habe ich Fehler gemacht, wo die Weichen falsch gestellt, wo die Zeichen an der Wand ignoriert? Niederlagen sind wertvolle Lernprozesse, aber es ist interessant, dass die meisten ihrer männlichen Kollegen auf diesem Niveau dieses Wort gar nicht mehr in den Mund nehmen.

Lernen, vielleicht sogar aus eigenen Fehlern lernen, ist in den Führungsetagen meistens ein Fremdwort. Echte Leader-Persönlichkeiten sind sich jedoch der Zerbrechlichkeit ihrer Erfolge bewusst und werten eine Schlappe als Lernerfahrung, die sie in ihre Zukunft integrieren.

Für ihr Engagement in der Stadtentwicklung wird sie aber auch kompensiert. Seit 1979 ist sie Verwaltungsratspräsidentin der ZFV-Unternehmungen – ein Glücksfall für beide, das Unternehmen und die Frau an der Spitze. Die Genossenschaft will sich neu organisieren: Rosmarie Michel liebt es, neue Ziele und Strukturen zu erarbeiten und umzusetzen, und sie ist der Meinung, dass man für solche Generalüberholungen überall die besten Spezialisten haben sollte. Dabei gilt der amerikanische Spruch «May the best person win», es ist also egal, ob das Spezialistentum von einer Frau oder einem Mann angeboten wird. So wird es nach der Reorganisation auch Männer in dem bis dahin rein weiblichen Verwaltungsrat geben, das Präsidium jedoch ist bis auf den heutigen Tag weiblich. Einer dieser Männer ist Heinz Ronner, Architektur-Professor an der ETH, von dem die Unternehmerin und Bauherrin mit grösster Hochachtung spricht:

Er hat mir beigebracht, dass der Bauphase eine intensive Planungsphase vorausgeht, in der die Interessen zukünftiger Benutzer genauso einbezogen werden wie die der Anstösser wie auch ökologi-

sche und denkmalpflegerische Anliegen. Der Immobilienbesitz des ZFV befand sich in der Kernzone, also an städtebaulich empfindlichen Standorten. Das grosse Objekt, der «Olivenbaum» in Nachbarschaft zum Bahnhof Stadelhofen, der gleichzeitig vom spanischen Stararchitekten Calatrava um- und neuerbaut wurde, stellte hohe Anforderungen an den Architekten Arnold Amsler. Der Bauprozess war kompliziert, galt es doch, die Interessen der Denkmalpflege wie der Bahn zu berücksichtigen.

Auch dieses Projekt war das Resultat eines Wettbewerbs. Eine Fachjury mit Heinz Ronner unter meinem Präsidium hatte die schwierigsten Bedingungen zu erfüllen und auf Fragen zu Material, Farben, Zugängen, Wassereinbrüchen und vielem mehr Antworten zu finden. Es war ein feines und minutiöses Vorgehen in Bezug auf Qualität; wir hatten es hier mit Architekten zu tun, die es verstanden, zusammen mit der Bauherrschaft ein Konzept zu entwickeln und durchzuführen. Für mich war dies ein enormer Lernprozess: Welche Farbe? Welches Material? Welche Fenster? Welche Ausmasse? Es war ein Erlebnis und eine Bereicherung, in dieses Bausegment eindringen zu können. Während meiner VR-Zeit haben wir versucht, den ganzen Immobilienbesitz umzubauen, zu sanieren oder neu zu erbauen, und dabei handelte es sich teilweise um schützenswerte Bauten wie den Gebäudekomplex «Karl der Grosse», die Hotels Zürichberg und Rütli oder den «Olivenbaum».

Besonders beim Projekt am Stadelhofen gibt es Verzögerungen, und man muss mit einer Bauzeitlücke rechnen. Das junge Team, Arnold Amsler und sein Büro, hat für diese Lücke kein anderes Projekt, und aufgrund der hervorragenden Zusammenarbeit mit diesem Team wird in der Familie Michel-Schurter beschlossen, das eigene Haus umbauen zu lassen – ein wichtiger und nötiger Schritt. Selbstverständlich holt Rosmarie Michel zuerst einmal die Vollmacht von ihrer Mutter ein, dass sie deren Haus umbauen darf. Aber dann beginnt eine grössere Logistikübung, die erst neun Monate später ihren Abschluss findet.

Das Haus muss komplett ausgeräumt werden, denn sein Innenleben wird ganz neu konzipiert. Technik und Statik müssen vollständig erneuert werden, Zentralheizung und ein Lift werden eingebaut, und Café, Geschäft und Wohnhaus werden so renoviert, wie sie heute sind, wobei diverse Bestandteile unter Schutz gestellt werden. Ein Bonus mit Langzeitwirkung wird eine grosse Dachterrasse sein, mit Blick auf Limmat, Bahnhof und Landesmuseum, die der Bauherrin, die mit mindestens zwei grünen Daumen ausgestattet ist, ein neues Betätigungsfeld eröffnet. In den gut zwanzig Jahren seit dem Umbau hat sie dort eine Art florentinisches Kleinod geschaffen, das jedes Jahr noch schöner wird und dessen Pflege für sie zu einer geradezu therapeutischen Ausgleichstätigkeit zu den belastendsten Berufsjahren wurde.

Eine der wichtigen Aufgaben, die sich Rosmarie Michel in diesem Logistik-Meisterstück stellte, war, für ihre Mutter und sich selbst eine Bleibe für die Zeit des Umbaus zu schaffen. Der Komfort ihrer Mutter lag ihr sehr am Herzen, und sie selbst – die Umbauzeit im Jahre 1984 fiel mit ihrem internationalen Präsidium zusammen – musste einen Arbeitsplatz haben, von dem aus sie ihre vielfältigen Tätigkeiten planen, koordinieren und teilweise ausführen konnte.

Das Familienhaus, das seit vier Generationen nicht geräumt worden war, musste innerhalb von zwei Wochen für den Umbau total frei sein. Ein grosser Teil der Möbel und das Geschäftsinventar wurden eingestellt. Die Backstube konnte bereits an einem neuen Standort eingebaut werden. Aber für die Wohn- und Schlafräume von meiner Mutter und mir sowie für mein Büro musste ich für einen Zeitraum von sechs Monaten eine Bleibe finden. Da die Dépendance vom Hotel Zürichberg zu dieser Zeit fast unbewohnt war, konnte ich ein halbes Stockwerk mieten und meine Mutter und mich dort einquartieren.

So lebten wir von einem Tag auf den anderen nicht mehr im Stadtzentrum, sondern auf dem Berg im sogenannten «Heimeli». Aber das hatte auch seinen Reiz. Direkt vor meinem Bürofenster

stand ein Baum, und so konnte ich zum ersten Mal in meinem Le-
ben direkt von meinem Schreibtisch aus die Jahreszeiten an «mei-
nem» Baum ablesen.

Zehn Jahre später wird sie mit solch positiven Erinnerungen den
Umbau des Hotels Zürichberg in Angriff nehmen, und weitere
fünf Jahre später wird sie auf dem Grund und Boden, auf dem die
Exilantin ihre Verbannung vom Central bewältigt hat, für den
ZFV drei Wohnhäuser der Luxusklasse erbauen lassen, deren
Wohnungen vermietet sind, bevor sie fertig gebaut sind; die dar-
aus entstehenden Einkünfte sind zum Tafelsilber des Unterneh-
mens deklariert worden.

Nach dem Wiedereinzug in das modernisierte Familienhaus
ist die intensive Phase des «Olivenbaums» angesagt, die mit der
«Aufrichte» einen Höhepunkt erreicht. Es ist ein wichtiger Moment in diesem komplizierten Bau: der Dank an die Bauarbeiter.
Dieser Dank findet auf der Plattform des Baukrans statt, wo einem halben Dutzend Gästen eine Zwischenverpflegung aufge-
tischt wird:

Auf engem Raum, in luftiger Höhe, standen die Bauarbeiter vor
mir, Männer aus anderen Teilen Europas – die Bauwirtschaft ist ja
mit Gastarbeitern besetzt: Sie haben vielleicht nicht alles verstanden,
was ich zu ihnen sagte, obwohl ich noch Italienisch und etwas Spa-
nisch gesprochen habe, aber sie haben die Körpersprache verstanden.

Die Verpflegung bestand aus langen Pariserbroten, die unmög-
lich zu essen waren; da habe ich kurzerhand aus meiner Handtasche
eines dieser berühmten Schweizer Armeemesser gezogen und die Ba-
guettes in Stücke geschnitten. Damit hatte ich offenbar auch alle
Hemmungen weggeschnitten. Die Arbeiter begannen mit mir zu re-
den; ich habe zwar auch nicht alles verstanden, aber sie haben es
genossen.

Am Abend gab es im Untergeschoss des Hauptgebäudes dann ein
Fest mit sämtlichen im Bau involvierten Firmen und Spezialisten,
an die 100 Personen. Nun waren wir ja das Unternehmen, das kei-

nen Alkohol anbot – nicht gerade die beste Voraussetzung für ein Richtfest. Also habe ich bei einer Brauerei ein Fässchen bestellt, allerdings mit alkoholfreiem Bier. Das scheint keiner gemerkt zu haben: Es war eine Bombenstimmung, ich habe mit Arnold Amsler den Tanz eröffnet, und alle waren fröhlich und zufrieden.

Neues kreieren ist eine der baulichen Tätigkeiten, Denkmalpflege und -schutz ist eine andere. Beide Anliegen sind für Rosmarie Michel wichtig, weil sie etwas mit «ihrer» Stadt zu tun haben:

Ich liebe meine Stadt und wollte, dass auch die kommenden Generationen deren Geschichte nachvollziehen können, ohne gleich in einem Museum leben zu müssen. Der Denkmalschutz hatte eine Kommission von Spezialisten und wenigen ausgewählten Laien. Ich wurde dorthin berufen und war in diesem Bereich zwölf Jahre lang aktiv. Die Tätigkeit beinhaltete auch enge Kontakte mit unseren Behörden. Die damals zuständige Stadträtin hat mich ge- und missbraucht, um mit den Bauherrschaften zu verhandeln; sie meinte: «Sie verkehren ja in diesen Kreisen.» Ich habe das korrigiert: «Ich verkehre nicht in Kreisen, sondern mit Menschen.» Aber ich war tatsächlich die Brückenbauerin zwischen den Auftraggebern und Bauherrschaften auf der einen Seite und der städtischen Behörde auf der anderen, denn die Sprache war die der Wirtschaft und nicht die einer Behörde. Wir mussten in den Verhandlungen jeweils einen Weg finden, bei Bauvorhaben auch den Denkmalschutz zu berücksichtigen.

Es ist eine der hervorstechendsten Eigenschaften von Rosmarie Michel, dass sie bei allem, was sie macht, versucht, das Ganze zu erfassen und Zusammenhänge zu erkennen. Sie kann die Dinge in einen Kontext stellen, kann Unbekanntes einordnen und Gegensätze zulassen.

Gerade diese Eigenschaften, gekoppelt mit ihrem Verständnis für fremde Kulturen und andere Denkweisen, haben ihr natürlich bei ihrem Umgang mit Menschen sehr geholfen und erklären, warum sie in manchen Tätigkeiten geradezu fasziniert war von

Gegensätzen. So zum Beispiel in ihrer Bautätigkeit, wo sie die grosse Freude am Kreieren sehr gut mit der Wahrnehmung der Verantwortung für das Erhalten kombinieren konnte:

Ich habe mit grosser Freude gebaut; beim Bauen braucht man Phantasie, aber eine organisierte. Offensichtlich habe ich das mitbekommen; ich konnte mir sowohl die Pläne und die Nutzung als auch die Farben und die Menschen, die in den Bauten leben und arbeiten müssen, sehr lebhaft vorstellen. Die schönste Aufgabe neben dem Umbau des Familienhauses meiner Mutter war der Um- und Neubau auf dem Zürichberg. Die ZFV-Unternehmungen besitzen seit 1900 auf der Bergkuppe des Zürcher Hausbergs ein Kurhaus. Dort stand das Hotel, mitten in einem Naherholungsgebiet mit Obstbäumen. Es war zwar, zumindest von der Lage her, das Flaggschiff des Unternehmens, aber ein Umbau hatte sich schon seit längerem aufgedrängt, doch er konnte nicht so rasch vorangetrieben werden wie gewünscht, unter anderem auch aus finanziellen Gründen. Als ich das erste Mal dort oben war, habe ich mir geschworen, dass ich meine Amtszeit nicht beenden werde, ohne etwas mit diesem Hotel angestellt zu haben – ich konnte den Geruch von Blumenkohl und Bohnerwachs an einem der schönsten Orte Zürichs nicht ertragen. Es galt also, das Vorgehen zu planen.

Wir hatten aus betrieblichen Gründen den Wunsch, die Dépendance einige hundert Meter unter der Bergkuppe abzubrechen und den neuen Bau in einem Nebengebäude mit direktem Zugang zum Hauptgebäude zu erstellen.

Wieder ist ein Wettbewerb angesagt, wieder gibt es eine Kommission, wieder wird sie von Rosmarie Michel präsidiert, und wieder gehört Heinz Ronner dazu. Die eingeladenen Wettbewerbsteilnehmerinnen und -teilnehmer kommen aus den namhaftesten Architekturbüros; sie haben hochinteressante Projekte eingegeben und sich der fordernden, aber sehr schönen Aufgabe gestellt: Das Projekt muss zum Berg und nicht umgekehrt. Die Jurierung ist wiederum ein spannender (Lern-)Prozess; schliesslich stehen die Gewinner fest: Das Architekturbüro von Marianne Burkhalter und Christian Sumi bekommt den Zuschlag. Und nun kann die eigentliche Arbeit beginnen.

Das Hotel Zürichberg liegt mitten in einem Villenviertel an Zürichs schönster Lage. Kein Wunder, dass das Bauvorhaben sowohl bei den Nachbarn als auch beim Heimatschutz auf reges Interesse stösst. Ein Nachbar tut sich ganz besonders hervor: Er fürchtet wohl eine Ruhestörung durch den starken Besucherstrom des neuen Hotels. Jedenfalls droht er mit einem politischen Vorstoss im Gemeinderat, um die Umbaupläne zu verhindern. Auch der Heimatschutz sucht mit Akribie nach erhaltenswerten Details wie Storenarme oder eine Treppe. Dazu gilt es, bauliche Probleme wie Bergdruck, Tiefbau- und Geländeuntersuchungen zu meistern und die Kosten im Griff zu behalten. Dank hervorragenden Bauspezialisten und intensiven Verhandlungen können diese Probleme jedoch gemeistert werden.

Mein Temperament eignet sich eigentlich nicht so für politische Verhandlungen. Alle zu fragen, bevor man etwas entscheiden kann, ist ja auch nicht meine Stärke. Doch die Vizepräsidentin des Verwaltungsrates, Dr. Regula Pfister, die als Politikerin im Kantonsrat[19] war, versteht sich auf kluge Verhandlungstaktik. Geduldig und klug hat sie uns bei der Vorstellung der Wettbewerbsresultate vertreten und dann auch in Einzelgesprächen versucht zu vermitteln. Das hat schliesslich dazu geführt, dass wir die Bewilligung erhielten und den Bau vorantreiben konnten.

Was für ein Haus war das nun? Es ist schon fast überflüssig zu erwähnen, dass der Hauptbau des Hotels unter Denkmalschutz stand, was bedeutete: Man musste die Bausubstanz erhalten und durfte nur um- und ausbauen.

Während der Bauzeit war vor dem Hotel ein Zelt aufgebaut, wo die Restaurantgäste bedient werden konnten; das Haus selbst war

---

19 Kantonsrat: das Parlament eines Kantons.

*leer. An der einen Ecke war ein Festsaal, der integral unter Schutz
stand, das heisst, man durfte gar nichts daran verändern. Eines
Abends bekomme ich einen Anruf von einem unserer Mitarbeiter: In
diesen Saal sei eine grosse Gruppe Jugendlicher eingedrungen, die
dort ein Fest veranstalteten, mit viel Musik und allem, was dazuge-
hört. Er würde jetzt die Polizei anrufen. Ich bat ihn abzuwarten.
Ich hatte ja die Verantwortung für diesen Bau und wollte zuerst
einmal sehen, ob sie irgendeinen Schaden angerichtet hatten. Andererseits wollte ich sie auch nicht provozieren – ich wusste nicht, ob
das nicht zu Beschädigungen führen würde.*

*Ich bin auf den Zürichberg gefahren und habe den Anführer die-
ser Gruppe herausholen lassen, um mit ihm den Vorfall zu diskutieren, in Gegenwart des Mitarbeiters, der ihn gemeldet hatte. Immerhin waren sie durch die Fenster eingestiegen, was einerseits illegal,
andererseits gefährlich war, weil sie über das Baugerüst gehen mussten. Er sagte, dass sie dort einfach ihr Konzert abgehalten hätten. Ich
schlug ihm Folgendes vor:*

*Erstens: Es darf keine Sachbeschädigung vorliegen. Zweitens soll-
ten sie den Saal putzen und drittens am nächsten Morgen alle im
Zelt zum Frühstück – auf ihre Kosten – erscheinen, damit ich mir
ein Bild machen konnte, wer dabei gewesen war. Zusätzlich mussten
sie versprechen, nie mehr wiederzukommen. Wenn diese Bedingungen erfüllt seien, würde ich von einer Anzeige absehen. Unser Mitarbeiter fand das zwar ziemlich irritierend, aber ich konnte die Jugendlichen irgendwie noch verstehen, und da nichts beschädigt war,
konnten wir es bei dieser gütlichen Lösung belassen.*

Während der Planung, bei der Marianne Burkhalter die Führung
hatte, kommt nach zahlreichen Kommissionssitzungen und Einzelgesprächen endlich der Moment, wo das Projekt der städtischen Denkmalpflege vorgelegt werden kann. Dort wirft man
einen Blick darauf und befindet – wen wundert's? – sofort: *So
nicht!* Haupt- und Nebengebäude dürfen auf keinen Fall anein-
andergebaut werden.

Was dann passiert, zeigt die Qualität der Architektin wie auch die der Zusammenarbeit zwischen den beiden Frauen, die sich hervorragend verstanden:

Neben den Büros der Denkmalpflege war ein Café, wir gingen hinein, um die Enttäuschung erst mal mit einem Espresso hinunterzuspülen. Dann nahm Marianne Burkhalter ein Stück Papier und zeichnete aus dem Stand heraus ein neues Gebäude, das für sich alleine stand, aber mit dem Hauptgebäude unterirdisch verbunden war. Wir begriffen beide sehr schnell, dass wir jetzt viele Vorgaben los waren und viel freier planen und gestalten konnten. Die Weigerung der Behörde, unseren Erstentwurf zu genehmigen, stellte sich als ein Befreiungsakt heraus. Die Möglichkeiten, die sich daraus ergaben, wurden von Minuten zu Minute deutlicher.

Ob Marianne Burkhalter geahnt hat, dass sich hier einer ihrer ganz grossen Würfe anbahnte? Für kein anderes Gebäude ist die begabte Architektin so oft ausgezeichnet worden wie für den Nebenbau des Zürichberg-Hotels, wo sie ein originelles Konzept für ein Hotelgebäude, das gleichzeitig funktionell und aufregend schön ist, verwirklicht hat.

Das Hotel Zürichberg hat eine ganz besondere Atmosphäre, die beiden Hauptverantwortlichen für den Bau, Architektin und Bauherrin, sind spezielle Menschen, die für diese Atmosphäre offen waren. Während der Bauphase erkrankt der kleine Sohn der Architektin schwer. Sie nimmt den Kampf mit der Krankheit auf, aber ein ernsthaft erkranktes Kleinkind, um das man sich grosse Sorgen machen muss, ist schlecht vereinbar mit der fordernden Arbeit dieses Bauprojekts.

Rosmarie Michel, obwohl kinderlos, hat keine Mühe, sich in diese Frau einzufühlen. Sie weiss, dass die Rollen «sorgenvolle Mutter» und «kreative Berufsfrau mit enormer Verantwortung» schwierig zu vereinigen sind. Wann immer möglich, verlegt sie daher die Baubesprechungen in ihre Wohnung, wo auf dem grossen Esstisch die Pläne ausgebreitet werden – und ein Kleinkind herumkrabbelt! Durch diese Geste konnte die Architektin für ihren Sohn da sein, als er sie brauchte, und der Bau konnte trotzdem termingemäss fertiggestellt werden.

An der feierlichen Einweihung des umgebauten und erweiterten Hotels – ein Juwel, das viel besprochen und mehrfach ausgezeichnet wird – hält die Bauherrin die Eröffnungsrede. Als sie zu Ende gesprochen hat, läuft ein süsser Fünfjähriger mit einem Strauss Maiglöckchen zum Rednerpult zu und reicht sie ihr. Es ist der berührende Dank eines Kindes, das in einer Phase, als es ums Überleben kämpfen musste, in einer von Liebe und Wohlwollen erfüllten Atmosphäre seine Mutter um sich haben durfte.

Zwei Unternehmerinnen in Beijing: Vera Kowner und Rosmarie Michel.

VIII

Verstehen, verhandeln, verändern

You must do the thing you think you cannot do.
Eleanor Roosevelt

Wie so vieles andere hat Rosmarie Michel den Kontakt mit den Medien nie gesucht, es sei denn, sie hätte Pressekonferenzen angesetzt. Aber so wie verschiedene Institutionen in der Stadt die Zürcher Unternehmerin mit den internationalen Mandaten «entdecken», so lernen die Medien, besonders die elektronischen, die Frau mit den knappen, klaren Voten schätzen.

Durch die Auftritte in den Medien sind auch einige Männer in der Wirtschaft auf mich aufmerksam geworden – nicht wegen des Leistungsausweises, sondern weil mein Bekanntheitsgrad enorm gestiegen war. Und so kam es zu Anfragen für Verwaltungsratsmandate.

Nach einem Radio-Interview erhält sie einen Anruf vom Verwaltungsratspräsidenten der Schweizerischen Volksbank: Sie hätten beschlossen, sie in diesen Verwaltungsrat zu wählen, weil sie dort noch eine Frau haben wollten. Solche Mandate in Schweizer Banken sind äusserst begehrt; wahrscheinlich hätten die meisten Menschen sich geehrt gefühlt und sofort zugesagt. Die Volksbank, eine genossenschaftlich organisierte Bank, ist Rosmarie Michel zwar sympathisch, und sie hat das Gefühl, in dieser Funktion etwas beitragen zu können. Sie ist sehr erstaunt über die Anfrage; dass es ein freudiges Erstaunen ist, merkt der Mann am anderen Ende des Telefons nicht auf Anhieb, denn sie macht keine Zusage, sondern stellt Bedingungen. Sie möchte gerne mehr wissen über die Bank, und sie bittet den Verwaltungsratspräsidenten, bei ihr vorbeizukommen – mit den letzten Abschlüssen, Informationen über Personal– und Kundenstruktur sowie den Protokollen der letzten drei Sitzungen … Nun ist es an ihm, erstaunt zu sein, und er äussert sich auch entsprechend. Dann aber sagt er, dass er wohl schon eine Stunde in seinem Terminkalender finden könne, um das zu erledigen. Sie bittet ihn, diese Zeit zu verdreifachen. *Wir haben dann auch drei Stunden am Tisch gesessen und sind alles durchgegangen; danach habe ich gerne zugesagt.*

Rosmarie Michel gehört zu den Menschen, die sich mit Schiller sagen: «Drum prüfe, wer sich ewig bindet», auch wenn es hier nicht um die Ewigkeit geht. Bei all ihren Mandaten hat sie sich immer zuerst gefragt, was sie hier beitragen könne, welche ihrer Fähigkeiten und Fertigkeiten sie einsetzen könne.

Bei der Valora mit all ihrem Retailing und dem Kaffeegrosshandel habe ich sehr gut die Grundlagen meines eigenen Geschäftes einbringen können; da lagen meine Wurzeln. Ein Verwaltungsratsmandat in einem grösseren Unternehmen ist sehr anspruchsvoll. Man trägt die Verantwortung für die Strategie, die Auswahl und den Einsatz der obersten Führungskräfte sowie für die finanzielle Entwicklung. Das sind die Schlüsselaufgaben eines Verwaltungsrates, und diese Verantwortung kann nicht deligiert werden. Nachdem ich zu Hause die Verantwortung für 15 bis 20 Mitarbeiterinnen hatte, waren die Mandate bei Valora – und später bei der Credit Suisse – etwas ganz anderes: In diesen Unternehmen gingen die Mitarbeiterzahlen in die Tausende und die Finanzen ins fast Unermessliche.

Dann war auch der Grund für diese neuen Anfragen ein anderer als bei den bisherigen, wie bei den ZFV-Unternehmungen oder bei Valora. In diesen Firmen machte es insofern Sinn, eine Frau – auch wenn es die einzige war – im Verwaltungsrat zu haben, weil diese Unternehmen viel mehr Mitarbeiterinnen (Service) und Kundinnen (Einzelhandel) hatten, deren Bedürfnisse von einer Frau besser verstanden und vertreten werden konnten. Zum Teil hatten die Mitarbeiterinnen wie auch die Aktionärin-

nen den Wunsch geäussert, endlich eine Frau in diesen wichtigen
Entscheidungsgremien zu sehen. So war sie als Frau in den späten
70er- und den 80er-Jahren deshalb sehr willkommen.

Es überrascht nicht, dass Rosmarie Michel grossen Wert auf
gute Umgangsformen legt, und das geht weit über das Offen-
halten von Türen und In-den-Mantel-Helfen hinaus. Dazu gehört für sie auch die Selbstverständlichkeit eines guten Tischge-
sprächs – und bei den ersten Verwaltungsratssitzungen kommt sie
noch einmal auf die Welt:

Interessant war das Verhalten von den Männern, mit denen ich
zu tun hatte. Arbeiten war kein Problem, aber wenn man gemein-
sam in der Kantine essen ging, fühlte ich mich ausgeschlossen. Die
Männer haben sich an den Tisch gesetzt und ihre Art von Smalltalk
praktiziert: Sie redeten übers Militär, über Sport, über Freizeitbe-
schäftigungen wie Golfen oder die Kreuzfahrt mit «meiner Gattin».
All diese Themen haben mich herzlich wenig interessiert, und damit
fiel meine Daseinsberechtigung auf null. Ab und zu habe ich ver-
sucht, etwas einzuwerfen. Wenn das klappte, hatte es etwas mit mei-
nen internationalen Erfahrungen zu tun, die bei den weitgereisten
Gesprächspartnern auf Interesse stiessen. Es hat einige Zeit gedauert,
bis sich in diesem Bereich etwas geändert hat.

Bei meiner Verabschiedung nach fünfundzwanzig Jahren Valo-
ra, in denen ich die letzten zehn Jahre Vizepräsidentin gewesen war,
hat der Verwaltungsratspräsident gesagt, er glaube nicht, dass dieses
Mandat mich sehr verändert habe, im Gegensatz zum Verhalten der
männlichen Kollegen, das sich sehr wohl verändert habe. Das war
wohl eines der schönsten Komplimente und hat mir bestätigt, was ich
immer sage. Männer und Frauen sind verschieden, und diese Ver-
schiedenheit soll auch in der gemeinsamen Arbeit zum Ausdruck
kommen. Wir haben die Möglichkeit, miteinander zu arbeiten und
als Frauen etwas beizusteuern. Ein wichtiger Leitsatz dabei ist: Die
Männer sehen das Ziel und verfolgen es konsequent, wir interessieren
uns für den Weg dorthin. Es ist für uns wichtig, was mit den Mitar-
beitern, Kunden und Lieferanten auf diesem Weg geschieht.

Gruppenbild mit Dame: Verwaltungsrat der Valora AG Bern.

Eröffnung des Starbucks-Café am Central: Rosmarie Michel mit einer Mitarbeiterin.

In ihre Verwaltungsratstätigkeit fallen auch zwei grosse Fusionen; der erste Firmenzusammenschluss betrifft die Schweizerische Volksbank, die in die Grossbank Credit Suisse integriert wird. Nicht alle Verwaltungsräte werden übernommen, aber auf die kompetente, loyale und äusserst verschwiegene Zürcher Unternehmerin möchte man nicht verzichten.

Das hatte sicher auch etwas mit meiner Herkunft zu tun: Ich bin Zürcherin, die Credit Suisse ist eine Zürcher Bank, mit Hauptsitz am Paradeplatz mitten in Zürich. Sie ist vom Zürcher Alfred Escher, einem unserer wichtigsten Wirtschaftskapitäne des 19. Jahrhunderts, gegründet worden. Man hat dort gewusst, woher ich komme und wer ich war. Der Verwaltungsratspräsident hat mit mir gesprochen, und obwohl ich mich vor dieser neuen Dimension etwas gefürchtet habe, habe ich zugesagt, und zwar aus folgendem Grund: Die Volksbank hatte eine ausgesprochen gute Personalpolitik, die Mitarbeiter wurden in den Entscheidungsprozess miteinbezogen, und es herrschte ein guter Ton. Ich wollte, dass diese Menschen, die durch die Fusion jetzt vielleicht ihre Stelle aufgeben oder sie zumindest wechseln müssten, in das neue Firmengefüge integriert werden sollten, und hoffte, dass ich hier einen Beitrag leisten konnte, um ihnen Wege für die Zukunft zu ebnen.

Auch die Bon Appétit-Gruppe war auf dem Weg zur Expansion und zur Fusion mit einer deutschen Kette. «Es war kurz vor Ende meiner Amtszeit (Pensionierung mit 72 Jahren). Die tiefgehenden Veränderungen mussten mit den Führungskräften besprochen, Lösungen mussten gefunden werden. *Mein Anliegen, dies in einer fairen Art und Weise zu tun, konnte ich mit einem guten Team als letzte Amtshandlung verwirklichen.*

Bei all ihren Erfahrungen – lokal, national und international – muss auch die Zürcher Unternehmerin das Kerngeschäft einer Verwaltungsrätin erlernen. Zum Glück gelingt es ihr schnell, sich in diesen neuen Verantwortungsbereich einzuarbeiten:

Wer hat mich geführt in diesen Zeiten? In jedem Verwaltungsrat waren Männer, die sich gerne und partnerschaftlich mit mir abgegeben haben. Ein wichtiger Mann in diesem Zusammenhang ist Professor Heinz Weinhold, Verwaltungsrat bei der Valora-Gruppe, der alle meine Fragen in Bezug auf diese neue Tätigkeit gerne beantwortet hat. Wir haben dann auch ausserhalb der Sitzungen miteinander gesprochen; er hatte profunde Kenntnisse, ganz besonders im Handel, hatte er doch eine Professur für Marketing an der Hochschule St. Gallen. Mit seinem grossen Wissensschatz hat er mir Fragen beantwortet und Zusammenhänge erklärt und war ein wunderbarer Wegführer. In sämtlichen Verwaltungsratsmandaten habe ich immer wieder gute und loyale Gesprächspartner erlebt. Damit waren die wenigen, denen eine weibliche Meinung nicht so wichtig erschien, leicht zu ertragen.

Nicht alle Mandate haben gleichviel Freude gemacht, nicht überall ist sie erfolgreich gewesen, und es liegt auf der Hand, dass ein weniger erfolgreiches Mandat besonders viel Arbeit und sorgenvolle, schlaflose Nächte bereithält:

Ein in diesem Zusammenhang erwähnenswertes Mandat war «Radio Z», ein privates Zürcher Lokalradio, das vom damaligen Stadtpräsidenten Dr. Sigi Widmer präsidiert wurde. Diese Allianz von Politik, Kommunikation und Medien war hochinteressant; ich habe viel gelernt von ihm, und als er zurücktrat, hat er mich als seine Nachfolgerin vorgeschlagen. Ich habe sämtliche Turbulenzen in diesem Kommunikationssektor miterlebt: Finanzen, Marketing, neue Allianzen oder neue Strukturen, Kauf, Verkauf ja oder nein. In diesem Präsidium habe ich persönlich viele Abstürze erlebt. Die Medienverantwortlichen und die Mediengestaltenden sind starke Menschen, die natürlich ganz verschiedenartige Interessen haben und einem das Leben nicht leicht machen.

Bei einer Erneuerungswelle für das Radio habe ich zusammen mit einem der hauptverantwortlichen Führungskräfte einen neuen Geschäftsführer gesucht und gefunden. Offensichtlich nicht zur

Eröffnung des Management-Symposiums für Frauen: Hansjürg und Rosmarie Michel sowie Regula Michel.

Women's World Banking, UN Conference in Beijing 1995: Auf dem Podium befinden sich u. a. Rosmarie Michel (l.), Ela Bhatt, Chair of the Board (M.) und Nancy Barry, President WWB.

Freude aller. Nach einem kurzen Gastspiel erfolgte die Trennung.
Solche Niederlagen sind in diesem grossen Entscheidungsspektrum
fast unvermeidlich, aber wenn sie nicht grob fahrlässig sind, gibt es
auch Möglichkeiten, sie aufzufangen. Wenn das nicht der Fall ist,
wenn also Fehler zu gewichtig und nicht reparierbar sind, gibt es nur
eins: Auf der Stelle zurücktreten!

So weit ist es zum Glück nicht gekommen, und Rosmarie Michel
führt das auf die ihr näherstehenden Verwaltungsratskollegen zurück, die sie vor solch einem Absturz bewahrt haben.

Parallel zu diesen fordernden Mandaten ist sie immer noch in
ihren internationalen Funktionen aktiv, und dann gibt es da noch
ihre Bestrebungen, Frauen in Entscheidungsfunktionen zu bringen und sie besser in die Wirtschaft zu integrieren. Die Stellung
der Frau in Wirtschaft, Politik und generell in der Gesellschaft
sind für die Frau, die sich nie darüber Gedanken machen musste,
immer ein Thema gewesen. So war die Zürcherin unter anderem
auch in der kantonalen Gleichstellungskommission und ähnlichen Institutionen wirksam und hat vielen Frauen Türen geöffnet
und Wege geebnet. Als Präsidentin des Vereins «Management-
Symposium für Frauen»[20], der Trägerschaft dieser Veranstaltung,
war sie in der heiklen Anfangsphase der stabilisierende Faktor und
eine kluge Partnerin bei der Sponsorensuche und inhaltlichen
Weiterentwicklung dieser jährlichen Veranstaltung. So wurden
zum Beispiel ab dem vierten Symposium junge Frauen mit Potenzial für Leadership aus Entwicklungs- und Schwellenländern auf
Kosten der Trägerschaft zur Teilnahme eingeladen.

Am spektakulärsten ist ihr das Öffnen von Türen und das
Ebnen von Wegen aber wohl in ihrer Eigenschaft als *Vice-Chair*
einer Institution gelungen, die sich, von Frauen gegründet, mit
Kleinstkrediten für Frauen in Entwicklungsländern befasst.

---

20 Siehe Epilog, Seite 221.

Zur Zeit, da dieses Buch entsteht, sind Kleinstkredite als «Micro Credits» auf einen Schlag einer breiteren Öffentlichkeit bekannt geworden: Der Friedensnobelpreis ist im Jahre 2006 an den Wirtschaftsprofessor Muhammad Yunus aus Bangladesch gegangen, der damit für die Gründung seiner «Grameen Bank» und dem daraus resultierenden Kleinstkreditwesen für die Ärmsten der Armen in Bangladesh ausgezeichnet wird. Vielleicht ist das der Moment, wo diese breitere Öffentlichkeit auch davon Kenntnis nimmt, dass er nicht der Einzige in diesem Sektor ist. Gleichzeitig mit seiner Innovation ist Women's World Banking (WWB), eine Stiftung mit Sitz in New York, entstanden. Das Ziel, Frauen den Zugang zu Krediten zu ermöglichen, Kleinstkredite in Höhe von mindestens 50 Dollar, und ihnen damit eine Grundlage zu schaffen, sich und ihre Familien durch unternehmerische Aktivitäten aus der Armutszone zu holen, ist beiden gemeinsam. WWB geht aber noch darüber hinaus, indem sie erstens international, also auf allen Kontinenten, tätig ist und zweitens es nicht nur bei der Kreditvergabe belässt, sondern den Frauen Zugang zu unternehmerischem Know-how, Marketing und Netzwerken vermittelt und sie in Gesundheits- und Erziehungsfragen berät.

Diese Art von Tätigkeit ist für jemanden wie Rosmarie Michel geradezu ein Sogfaktor. Als Folge ihres internationalen BPW-Mandats wird sie angefragt, im *Board* dieser Stiftung – also dort, wo Strategien diskutiert und unternehmerische Entscheidungen gefällt werden – Einsitz zu nehmen. Hier kann sie die Bedürfnisse der Frauen in Entwicklungsländern, die sie im Laufe ihrer vielen Reisen kennengelernt hat, aus erster Hand einbringen und in konkrete Aktivitäten umsetzen. Das *Board* ist hochkarätig zusammengesetzt, aber es fehlt ihm das pragmatisch-unternehmerische Know-how, das jetzt mit diesem neuen Mitglied gewährleistet ist.

Ist Rosmarie Michel als Internationale BPW-Präsidentin in den 80er-Jahren zwischen Zürich und London gependelt, so tut sie jetzt als *Vice-Chair* in diesem *Board* dasselbe zwischen Zürich und New York, wo ihr Rat, ihr Verhandlungstalent und ihre Führungserfahrung im Büro an der 42. Strasse, gegenüber der berühmten New York Library, sehr gefragt sind. Zusätzlich gibt es wiederum eine rege Reisetätigkeit zu *Regional Meetings* auf allen Kontinenten und vor allem natürlich zu den Kreditnehmerinnen selbst.

Diese Aufgabe hat sich sehr schön eingefügt in meine neuen beruflichen Erkenntnisse; auf den Reisen zu unseren Kundinnen habe ich gelernt, was es heisst, Zugang zu einem Kleinstkredit zu haben. Wir haben die Kontakte mit Frauen gebraucht, um an Ort herauszufinden, was für Bedürfnisse sie wirklich haben, um ihre Sicht der Dinge kennenzulernen: Wo ist die Armutsgrenze? Was heisst Hunger? Wie reagieren diese Frauen auf das Angebot dieser neuen Starthilfen? Es war eine unglaublich bereichernde Erfahrung: Frauen zahlen ihre Kredite zu 98 Prozent zurück; sie verwenden den allergrössten Teil des Einkommens für Kinder und Familie, für Erziehung und Gesundheit und nehmen dadurch eine ganz andere Stellung in Familie und Dorfgemeinschaft ein. Damit sind eine ganze Reihe von Problemen der Entwicklungshilfe gelöst.

Sie hat hin und wieder in Interviews, Referaten oder Podiumsgesprächen über diese Erfahrungen gesprochen. Man hat ihr zugehört, weil sie gut erzählen kann, aber ihre Zuhörerinnen und Zuhörer haben diese Art von echter Entwicklungshilfe nie richtig nachvollziehen können. Das Wort «Kredit» löst in einer Gesellschaft, die gewöhnt ist, Almosen zu verteilen – und sich dann aufregt, wenn die Gelder nicht das bewirken, was sie erwartet –, immer noch Skepsis aus. Dabei geht es hier um mehr, als nur darum, Geld verfügbar zu machen: Es geht um Partnerschaft, um Gleichwertigkeit. Wer so arm ist wie diese Frauen, ist für niemanden, ganz sicher nicht für eine Bank, kreditwürdig. Darin liegt der grosse Unterschied zur herkömmlichen Entwicklungshilfe. Erstens verbessern diese Frauen ihre Lage nicht als Almosenempfängerinnen, sondern durch unternehmerisches Handeln, und zweitens werden sie durch ihre neu erworbene Kreditwürdigkeit zu vollwertigen Mitgliedern der Gesellschaft.

Bei diesen Reisen gab es wunderschöne Erlebnisse, zum Beispiel in Indien, dem klassischen Land der Micro Credits. Ich war mehrere Male dort und habe gesehen, wie das Banking in der Praxis funktioniert. Eine Begegnung ist mir besonders in Erinnerung geblieben: In Indien gibt es Frauen, die sogenannte paper pickers *sind; sie gehen durch die Strassen, sammeln den Abfall ein und sortieren ihn. Dabei filtern sie alles heraus, was noch verkauft werden kann – und davon leben sie.*

Bei einer meiner Reisen habe ich eine solche Frau kennengelernt. Allerdings war sie inzwischen die Leiterin einer WWB-Filiale und in dieser Rolle unsere Gastgeberin bei diesem Regional Meeting. *Sie hielt die Eröffnungsrede in ihrem indischen Dialekt, den wir natürlich nicht verstanden. Aber ähnlich wie in Afrika war die verbale Sprache auch hier nicht ausschlaggebend. Sie sprach kompetent und überzeugend, so schien es mir. Beim ersten Kontakt mit ihr spürte ich, dass sie mich mochte, spätestens aber, als sie zu der Dolmetscherin sagte, sie möchte mich zu sich nach Hause einladen.*

Sie wohnte am Rande von Ahmedabad, in einer Siedlung von Lehmhäusern ohne Elektrizität. Am Haus vorbei floss das Abwasser durch einen engen, offenen Kanal. Zwei Räume bewohnte die Familie: Vater, Mutter und Tochter. Die Mutter war die Ernährerin, und sie strahlte eine kolossale Sicherheit und Stärke aus. Ich war sehr beeindruckt, und dank der Dolmetscherin kam auch ein gutes, wenn auch kurzes Gespräch über Pläne, Bedürfnisse und Erfahrungen mit WWB zustande.

Die Kräfte, die diese Frauen haben, die Risiken, die sie auf sich nehmen, ohne Unterstützung, wie wir sie in unseren Breitengraden in Anspruch nehmen können! Über Jahre hinweg nehmen sie immer neue und grössere Kredite auf, erweitern damit ihre Geschäftstätigkeit und schaffen neue Verdienstmöglichkeiten. Kleinstkreditnehmer haben auch gelernt zu sparen und ihr Versicherungswesen auszubauen – das sind Erfahrungen, die wir in Industrieländern so nah, so breit und so eindrucksvoll nicht haben können.

Indien ist ein hervorragendes Land, um die Effektivität von Micro Credits zu untersuchen. Der Meinung war offenbar auch Hillary Clinton. Sie durchlief damals sehr schwierige Zeiten in ihrem privaten Umfeld und befand sich, um Distanz zu gewinnen, mit ihrer Tochter Chelsea auf einer grösseren Reise, die sie auch nach New Delhi brachte. Ihr Interesse an Micro Credits war gross, und sie wollte unbedingt Ela Bhatt, WWB-Chair, und Pionierin auf diesem Gebiet, kennenlernen. Die Gelegenheit dazu ergab sich bei einem Frühstück, an dem auch das Executive Board teilnahm; die amerikanische Präsidentengattin zeigte sich beeindruckt.

Wir können sie hier nicht haben, aber man kann «denen hier» von «denen dort» erzählen und versuchen, diese Erfahrungen dem hiesigen Kulturkreis näherzubringen:

Einmal, als ich aus Indien zurückkam, musste ich am Abend beim hundertsten Geburtstag der Zürcher Kantonalbank die Festansprache halten. Ich sass im Flugzeug, noch voll von den Eindrücken, und habe mir überlegt, was ich diesen Ehrengästen eigentlich sagen wollte. Mir schien dieses indische Beispiel sehr geeignet zu zeigen, wie man mit der Basis arbeitet und Geld verkauft. An diesem Abend habe ich dann versucht, die verschiedenen Geschichten, die ich in den letzten paar Tagen erlebt hatte, in einer kurzen Geschichte zu erzählen. Dabei konnte ich auch darüber reden, was ich von retail banking *und der Wichtigkeit des Bankwesens halte und was für einen Respekt ich vor den Mitarbeitern in dieser Branche habe.*

Das Referat wurde gut aufgenommen: In der Woche darauf erhielt ich eine Anfrage für ein neues VR-Mandat.

IX

Leadership

True leadership must be for the benefit of the followers,
not the enrichment of the leaders. In combat, officers eat last.
Robert Townsend[21]

«Versuchen Sie, sich in folgender Situation zu sehen: Ein tiefes Zerwürfnis zwischen Top-Führungskräften hat Sie auf die oberste Sprosse der Karriereleiter katapultiert – aber nur als Resultat eines schlechten Kompromisses. Keine der beiden Gruppen beabsichtigt, Sie zu unterstützen. Im Gegenteil: Sobald Sie CEO geworden sind, verlässt die Hälfte Ihrer Topleute Sie, um eine eigene Firma zu gründen. Natürlich nehmen sie alle Kunden mit. Sie erfahren zudem, dass Ihre Aktionäre Sie als inkompetent einstufen und dass Ihre ‹loyale› Geschäftsleitung die Absicht hat, Sie als Marionette einzusetzen. Es gibt sogar Gerüchte einer unfreundlichen Übernahme durch Finanzhaie.»[22]

---

21 Echte Leadership muss denen, die folgen, zugute kommen, nicht der Bereicherung der Führenden dienen. In der Schlacht essen die Offiziere zuletzt (Übersetzung der Autorin). In: Robert Townsend: «Up the Organization», New York 1970, 1984.

22 «Try to imagine yourself in this situation: A major rift between corporate heads has propelled you to the top rung of your organization – but only as a result of a poor compromise. Neither faction intends to back you. In fact, as soon as you become CEO, half of your top executives leave to form their own company – taking all their accounts with them. Furthermore, you learn that your stockholders think you're incompetent and that your ‹loyal› Board of Directors plans to use you as a puppet. There's even talk of a hostile takeover by corporate raiders.» – In: Donald T. Phillips: «Lincoln on Leadership», New York 1992.

Dies ist die Ausgangslage für den Republikaner Abraham Lincoln aus Illinois, als er 1861 zum 16. Präsidenten der Vereinigten Staaten gewählt wird. Zur Illustration: Keiner traut dem 52-jährigen Rechtsanwalt, einem hochgewachsenen, mageren, ungelenken Provinzadvokaten, zu, dass er dieser Aufgabe gewachsen ist, und sein eigenes Kabinett betrachtet ihn lediglich als Gallionsfigur. Zehn Tage bevor er den Amtseid ablegt, spalten sich die Südstaaten ab und annektieren damit alle nationalen Behörden, Festungen und Arsenale in ihrem Gebiet. Die Bevölkerung ist so verzweifelt, dass Gerüchte von politischen Attentaten und Militärputschen überall gläubige Zuhörer finden.[23]

Die meisten Menschen wären wohl verzweifelt und hätten das Amt vielleicht gar nicht angetreten. Nicht so Abraham Lincoln. Zwar darf er nur vier Jahre regieren, bevor er Opfer eines politischen Attentäters wird, aber was er in diesen vier Jahren an Leadership an den Tag gelegt hat, macht ihn zum wahrscheinlich besten, auf jeden Fall aber zum anständigsten Präsidenten der Vereinigten Staaten.

Wenn dieses Kapitel mit einem Mann, einem Politiker und dazu noch einem aus einem anderen Jahrhundert und von einem anderen Kontinent, beginnt, dann mag dies Zufall sein. Es könnte aber auch zeigen, dass echte Leadership universell ist und weder an Geschlecht oder Tätigkeitsbereich noch an Ort oder Zeit gebunden ist.

Leadership ist ein strapazierter Begriff in unserer Zeit. Zu viele Bücher, Artikel und Interviews sind zu diesem Thema erschienen, verfasst von Menschen, die sich damit begnügen, die erwünschten Resultate von Leadership aufzulisten und in einer Art Rezeptbuch die Zutaten dieses Führungskuchens zu benennen. So heisst es zum Beispiel in einem Wirtschaftsartikel zum Thema «Essential Attributes of Leaders», Leaders sollten die Fähigkeit besitzen,

23 Ebenda.

- von sich aus Entscheidungen zu treffen,
- zuzuhören,
- sich mit den richtigen Mitarbeitern zu umgeben,
- wirksame Teams zu bilden,
- die guten Mitarbeiter im Unternehmen zu halten.

Dagegen wäre nichts einzuwenden – ausser man setzt diese wünschenswerten Attribute nicht auch als Minimum bei jeder fähigen Managerin, jedem Manager, der in der Ausbildung über das Basisseminar «Menschenführung I» hinausgekommen ist, voraus. Solche Fähigkeiten und Fertigkeiten dürfte man ja wohl bei jeder und jedem, der in irgendeiner Leitungsfunktion ist, als gegeben annehmen.

Wie weit wir jedoch nur schon von dieser Basisausrüstung einer Führungskraft entfernt sind, zeigt eine Studie über Schweizer Führungskräfte aus dem Jahre 2006 (die sicher für den ganzen deutschsprachigen Raum repräsentativ ist). Darin wurden die befragten Führungskräfte gebeten, ihre fünf grössten Führungsfehler zu bezeichnen, und die waren:
- Kein Feedback geben (93 %)
- Konflikten ausweichen (78 %)
- Entscheidungen aufschieben (64 %)
- Mitarbeiter unterfordern (52 %)
- Keine Verantwortung übertragen (48 %)

Nahezu einmütig (97 %) räumten alle Befragten ein, dass sie nicht genügend Zeit für ihre Mitarbeiter hätten. Du liebe Güte! Wer sich von seinem Job so manipulieren lässt, dass er nicht einmal mehr genügend Zeit hat, sich um das Wichtigste zu kümmern, nämlich um die Mitarbeiterinnen und Mitarbeiter, ist meilenweit entfernt davon, auch nur ein annehmbarer Manager zu sein, geschweige denn Leadership zu praktizieren. Offenbar stimmt der Satz, den der erfolgreiche, unternehmerisch denkende Topmanager Robert Townsend bereits 1970 formuliert hat, immer noch:

«Most people in big companies today are administered, not led.
They are treated as personnel, not people.»[24]

Zur selben Zeit erschien damals ein Buch, das nicht nur in
Wirtschaftskreisen Furore machte, weil es auf fast jeder Seite jeder
Leserin, jedem Leser einen Erkennungseffekt bescherte – leider
nur selten eine Selbsterkenntnis, sondern eher ein behagliches
Fingerzeigen auf andere, die den Zustand ihrer eigenen Unfähigkeit erreicht hatten. Es hiess «Das Peter-Prinzip», ein schmales
Buch, in dem der Autor auf wenigen Seiten ein Phänomen be-
schrieb, das uns allen mehr als bekannt ist: Menschen, die ihre
eigenen Fähigkeitsgrenzen nicht (an)erkennen, sind zum Agieren
auf dem Plateau ihrer Unfähigkeit verdammt, wo sie in den meisten Fällen dann auch kläglich scheitern – kein unbekanntes Phänomen für die vielen Angestellten, die unter unfähigen Führungskräften leiden müssen … Zu diesen Führungskräften fiel dem
Autor Laurence J. Peter folgende Passage ein:

«Die meisten Hierarchien sind heute so überladen mit Tradition und Gebräuchen und so eingeschnürt durch die Gesetze, dass
selbst hohe Beamte und Angestellte nicht in der Lage sind, irgend-
jemand irgendwo einzusetzen; sie können weder die Ziele festle-
gen noch das Tempo bestimmen, mit dem sie angesteuert werden
sollten. Sie richten sich lediglich nach Präzedenzfällen, halten sich
an die Bestimmungen und marschieren an der Spitze der Herde.
Solche Mitarbeiter sind der Gallionsfigur am Bug eines Schiffes
vergleichbar, die auf die Richtung, die das Schiff nimmt, ebenso
wenig Einfluss hat wie diese auf die Geschicke der Firma.»[25]

Und er setzte hinzu: «Es fällt nicht schwer, sich vorzustellen,

24 Die meisten Menschen in grossen Unternehmen werden heutzutage ver-
waltet statt geführt. Sie werden als Personal behandelt, nicht als Menschen
(Übersetzung der Autorin). In: Robert Townsend: «Up the Organization»,
New York 1970, 1984.

25 Laurence J. Peter & Raymond Hull: «Das Peter-Prinzip oder Die Hierar-
chie der Unfähigen», Zürich 1970.

wie viel Furcht und Schrecken in einem solchen Milieu das Erscheinen eines geborenen Führers auslöst.»

Dieses Buch, vor 36 Jahren erschienen, ist heute so aktuell wie damals. Die Sehnsucht nach inspirierender Führung ist verständlich, denn nur diese Art von Führung kann ungewöhnliche Leistungen und die damit verbundene Anerkennung hervorbringen.

Was macht Führungskräfte so überzeugend, dass man ihnen freiwillig folgt, sie gerne unterstützt, ihre Visionen nachvollzieht und hilft, sie umzusetzen? Was sind die Grundlagen, auf denen Leadership wachsen kann? Es sind Eigenschaften wie Charakterfestigkeit, Integrität, Glaubwürdigkeit, Bescheidenheit – manche sprechen sogar von Demut – und ein (selbstironischer) Sinn für Humor. Es hilft enorm, wenn man Menschen als Individuen sieht und nicht als Personal, als manipulierbare Masse also, die man bei Bedarf «aufstocken» oder prozentual reduzieren kann. Menschen, die potenzielle *followers* sein sollen, sind das aus freien Stücken, nicht weil sie jemandem unterstellt sind. Sie müssen überzeugt werden, dass sie dem/der richtigen Vorgesetzten ihr Vertrauen schenken. Menschen, die wirklich Leadership praktizieren, wissen, dass sie eine Verlässlichkeit in Bezug auf Haltung und Einstellung herstellen müssen. Sie erwarten nicht von anderen, was sie selbst zu tun nicht bereit wären, und wissen, dass sie sich den Respekt und die Mitarbeit ihres Umfelds verdienen müssen und nicht aufgrund ihres Rechtecks auf dem Organigramm ertrotzen können. Wie es im Buch von John Adair heisst: «Leadership is action, not position.»[26]

Die Erwartungen sind hoch, aber die Belohnungen sind es auch. Denn wer gerne führt, wird das Kreative und Menschenbezogene im Leadership-Konzept schätzen und geniessen. Dazu gehören:

26 Adair, 1987.

- *Richtung:* Leadership heisst, einen Weg vorwärts aufzuzeigen, eine Richtung zu etablieren, Lösungen zu finden. Das ist weitaus mehr und weitaus schwieriger, als Umsatzziele zu setzen.
- *Inspiration:* Worte und Taten einer Leader-Persönlichkeit motivieren, zünden den Funken. Vorzugsweise fällt der auf einen Holzstoss, der in einem Unternehmen, einem Team oder einem Mitarbeitenden bereits vorhanden ist, wenn auch bisher vielleicht noch nicht sichtbar. Ist das nicht der Fall, gehört es zur Basisarbeit einer Leader-Persönlichkeit, genügend Menschen zu finden, die Holz sammeln und aufschichten wollen.
- *Abstützung auf Teams:* Wer Leadership praktiziert, denkt automatisch in Team-Dimensionen und sorgt für die sinnvolle Zusammensetzung von Arbeitsgruppen. Er oder sie vergisst auch nie, dass ein Dirigent nur das bewirken kann, was das Orchester willens ist zu geben. Gute Orchester beziehungsweise Teams wiederum sind bereit, ihr Bestes zu geben, wenn nicht Chefgebaren, sondern Leadership im Spiel ist.
- *Vorbild:* Leadership heisst Vorbild sein, durch eigenes Beispiel Menschen um sich herum zum Entwickeln ihrer Fähigkeiten zu bringen. Leader-Persönlichkeiten tragen ihren Teil zum Team-Erfolg bei und führen ganz vorne an der Spitze.
- *Akzeptanz:* Jemand kann zur Managerin oder zum Manager ernannt werden; eine Führungspersönlichkeit wird sie oder er aber erst, wenn diese Ernennung in den Herzen und Köpfen der Mitarbeitenden anerkannt wird. Mit anderen Worten: *Leadership needs followship.*

Die *followers* sind es, die darüber befinden, ob man in der Führung von Leadership sprechen kann oder ob es sich «nur» um Topmanager handelt (hie und da sollen diese beiden Funktionen allerdings in ein und derselben Person entdeckt worden sein), und sie haben ein untrügliches Gefühl für Echtheit. Ausserdem sind sie dankbar, wenn Führung zwar seriös, aber nicht humorlos daherkommt.

Eine der hervorstechendsten Eigenschaften Lincolns zum Beispiel war sein Sinn für Humor, der die nötige Selbstironie enthielt.
Er war ein herausragender Redner, wie die historischen Doku-
mente zur Genüge belegen, und sorgte dafür, dass sein Publikum
auch etwas zu lachen hatte – oft, indem er sich über sich selbst
lustig machte. In den Augen seiner Umwelt schien er ausgesprochen hässlich zu sein, und es gibt unzählige Anekdoten darüber,
wie er mit diesem Umstand umgegangen ist, zum Beispiel in dieser Geschichte, die er auf einer Tagung republikanischer Journalisten erzählte: «Bei einem Waldspaziergang begegnete ich einer
Reiterin. Ich stoppte, um ihr den Vortritt zu lassen. Sie stoppte
auch, schaute mich durchdringend an und sagte: ‹Ich glaube, Sie
sind der hässlichste Mann, den ich je gesehen habe.› Ich antwortete: ‹Madam, Sie haben wahrscheinlich Recht, aber ich kann das
nicht ändern.› – ‹Nein›, meinte sie, ‹aber Sie könnten zu Hause
bleiben.›»

Eine solche Taktlosigkeit wäre ihm natürlich nie über die Lippen gekommen, im Gegenteil: Je taktloser sein Umfeld war, umso
höflicher wurde er. So sagte er zu einer Frau, die «sich den Präsidenten mal anschauen wollte» (zu seiner Zeit wusste man noch
nichts von Sicherheitsmassnahmen, wie wir sie heute kennen):
«Also wenn es darum geht, einander anzuschauen, befinde ich
mich definitiv im Vorteil.»

Es liegt auf der Hand, dass Menschen eher bereit sind, ihre
Arbeitskraft, ihre Kreativität, ihre Problemlösungsfähigkeit einer
Persönlichkeit zur Verfügung zu stellen, die auch über sich selbst
lachen kann – nicht zuletzt, weil es ihnen ermöglicht, mit den
eigenen Unzulänglichkeiten besser fertig zu werden.

Die vorausgegangenen acht Kapitel handeln von einer Frau, die
ohne jeglichen Zweifel in die Leadership-Kategorie gehört. Rosmarie Michels erfolgreiches Wirken könnte fast schon eine Art
Blueprint für Wirtschaftsbücher sein, die sich mit dieser Art von
Führung auseinandersetzen, wobei noch anzumerken wäre, dass

in ihren Bücherregalen diese Art von Büchern nicht zu finden sind. Abgesehen davon, dass sie nicht viel von «How to»-Büchern hält, hätte sie gar keine Zeit gehabt, sich auf diesem Weg auf ihre Aufgaben vorzubereiten. Was also ist ihr Geheimnis? Wo liegen die Wurzeln ihrer Führungserfolge?

Zum einen ist das Fundament sicher in ihrer Kindheit und Jugend zu finden. Als erwünschtes Kind in eine intakte Familienkonstellation hineingeboren zu werden ist ein guter Anfang, mit liebevoller Strenge, aber auch viel Güte und Humor erzogen zu werden eine gute Fortsetzung und früh schon in eine soziale Verantwortung eingebettet zu sein eine Herausforderung, die sie meistern musste. Sie selbst wächst in finanziell komfortablen Verhältnissen auf, aber die Gegenwart der Angestellten mit ihren Konflikten, Krankheiten und Kümmernissen erinnert sie täglich daran, dass es nicht allen so gut geht. Es gibt zwar eine Kinderschwester – und man ist versucht, herzhaft zu lachen, wenn man daran denkt, wie die schon als Kind ungewöhnlich Eigenständige bis zum Alter von zwanzig Jahren diese Kinderschwester um sich hat –, aber das ist zum einen die Ergänzung zu einer arbeitenden Mutter, und zum anderen verhindert die Anwesenheit dieser Frau nicht, dass ihr Schützling schon früh im Geschäft helfen muss. Der gutbürgerliche Lebensstil soll nie als Selbstverständlichkeit erlebt werden – also werden die beiden Kinder auf die Volksschule geschickt, und Rosmarie Michel wird voll eingespannt, wenn es darum geht, an Weihnachts- oder Osterfeiertagen die Auslieferungen der bestellten Torten und Desserts zu machen.

Eine gesunde Umgebung, die soziale Unterschiede nicht ignoriert, sondern ins tägliche Leben integriert, zeigt ihr bereits im Kindesalter, was Empathie und Verantwortung bedeuten. Die Liebe zu ihren Eltern, besonders zu ihrer Mutter, aber auch der Respekt vor den Leistungen der weiblichen Vorfahren bilden die Basis für die selbstgestellte Aufgabe, mit dem ihr anvertrauten Erbe sorgsam umzugehen.

Schon früh erlebt sie, dass der gute Ruf des Geschäfts sehr viel mit guten Mitarbeiterinnen und Mitarbeitern zu tun hat; sie wird dieses Wissen um die Bedeutung guter Teams später in ihre präsidialen und verwaltungsrätlichen Tätigkeiten einbringen können. Und sie weiss auch, was ein gutes Beispiel bewirken kann. Oft ist sie, trotz aller anderen Belastung, morgens um 6.00 Uhr früh im Café, weil die Kaffeemaschine mal wieder nicht so will, wie sie soll, oder sie steht vor einer Verwaltungsratssitzung noch eine Stunde in der Backstube, um Gipfeli zu backen, weil ein Verkehrschaos den Bäcker daran gehindert hat, rechtzeitig zu erscheinen. Nie erwartet sie von anderen, was sie nicht selbst tun würde, aber so viel wiederum erwartet sie von den meisten um sie herum schon – was einige Menschen bereits überfordert.

Sie hat sich nie um etwas bewerben müssen – ein Privileg, das sie sehr zu schätzen weiss. Dafür ist sie umso sorgfältiger mit den Anfragen umgegangen, immer mit dem Fokus «Was kann ich hier einbringen?», anstatt zu fragen, wie es heute bei vielen jüngeren Managerinnen und Managern heisst: «Was bringt mir das?» Nie wäre sie auf den Gedanken gekommen, einem (Golf-)Club, einer Service-Organisation oder einem Verband beizutreten, weil es ihrer beruflichen Laufbahn dienlich gewesen wäre, und ihre Verachtung für Menschen, die sie fragen, wie man es anstellt, ein Verwaltungsratsmandat zu bekommen oder von den Medien beachtet zu werden, ist unüberhörbar. Hat ihr die zürcherische Bescheidenheit geholfen?

- Ja, wenn sie für eine Aufgabe designiert wurde und sie sich einerseits fragte, wieso ihre Mentorinnen sie mit einer Funktion oder Position konfrontierten, die mehr als eine Nummer zu gross war, andererseits aber den Wunsch hatte, diese Frauen nicht zu enttäuschen, ihren hohen Erwartungen zu genügen.
- Nein, wenn sie sich nicht vorstellen konnte, dass ihr die Kunst, sich in freier Rede überzeugend, inspirierend und aktivierend zu äussern, gegeben war.
- Ja, wenn sie sich zu Anfang ihrer Mandate mit Äusserungen zurückhielt, bis sie genug wusste, um mitreden zu können.

- Nein, wenn es darum ging oder heute noch geht, mit einem gewissen Auftreten einen gewissen Effekt zu erzielen. Rosmarie Michel ist 1,59 gross, aber sie kann die Wirkung eines über 1,90 grossen Helmut Maucher erzielen, der einmal in einem Interview gesagt hat: «Wenn ich in einen Raum trete, weiss jeder: Da steht einer, der was zu sagen hat.»
- Schliesslich: Ja, definitiv ja, wenn man sie dieser Eigenschaft wegen zuerst einmal gründlich unterschätzt. Es ist immer wieder interessant zu sehen, wie sie oft zu Beginn einer Bekanntschaft kaum zur Kenntnis genommen wird, zwanzig Minuten später jedoch, nachdem sie den Mund aufgemacht und genau das Richtige gesagt hat, auf einer Woge des Wohlwollens und/oder der Hochachtung schwimmt.

Sie hat hervorragende Teams um sich geschart, hat Talente entdeckt und sie an der richtigen Stelle zum Blühen gebracht, auch wenn ihr hie und da der entsprechende Mensch vielleicht gar nicht mal so sympathisch war. Die Teams waren hervorragend, weil sie inspiriert gearbeitet haben, und die Inspiration kam natürlich von der Frau, die ihnen klarmachte, dass es hier nicht um die Profilierung einzelner Teammitglieder ging, sondern um ein grösseres Ganzes, zu dessen Gelingen alle einen Beitrag leisten sollten/mussten/durften. Sie war das Beispiel, ohne sich in den Vordergrund zu spielen, wobei man nicht vergessen darf zu erwähnen, dass sie im Zweifelsfalle durchaus in der Lage ist, klarzustellen, wer das Sagen hat. Sie versucht, alle einschlägigen Stellen anzuhören – es gehört zu ihren allerbesten Eigenschaften, dass sie gerne und gut zuhört – und, wenn irgend möglich, mit ihnen gemeinsam die bestmögliche Lösung zu erarbeiten; sie weiss, was es braucht, um eine Win-win-Situation zu kreieren:

- Die legitimen Interessen jeder Seite werden in höchstmöglichem Masse erfüllt.
- Bei Interessenkonflikten wird eine gerechte Lösung angestrebt.

- Die Lösung ist von Dauer und stellt auch die Interessen der Allgemeinheit und der anderen Beteiligten in Rechnung.[27]

Sie weiss, dass Win-win-Situationen nicht nur fair, sondern auch intelligent sind. Glaubwürdigkeit und Integrität gehören zu Rosmarie Michels verlässlichsten Charaktermerkmalen, und als Frau hat sie längst das Prozesshafte eines Führungsstils erkannt, in dem die eigene Persönlichkeit immer wieder auf den Prüfstand gestellt wird, sich immer wieder neu bewähren muss.

Leadership ist für sie «the intelligent and sensitive use of power», wie es bei John Adair heisst, und zu *power* (im Deutschen meist negativ besetzt, weil «Macht» nicht mit «Kraft», sondern eher mit «Machtmissbrauch» assoziiert wird) hat sie ein völlig unverkrampftes Verhältnis. Macht bedeutet für sie: Einfluss nehmen zu können, Türen zu öffnen, Prozesse zu ermöglichen, Resultate zu bewirken, und sie wünscht sich, dass gerade Frauen, die sich oft mit dem Wort «Macht» so schwertun, das auch so sehen könnten.

Zur Zeit, da dieses Buch entsteht, bereitet die Demokratische Partei Amerikas einen potenziellen Machtwechsel in den USA vor. Dabei geht es darum, ob der Mensch, der diese Partei im nächsten Wahlkampf um das Präsidium vertreten wird, Hillary Clinton oder Barack Obama heissen wird. Wie bitte? Barack Obama?

Ja, denn er repräsentiert mit seinen 45 Jahren nicht nur einen Generationenwechsel, sondern wäre auch der erste Kandidat, der nicht «rein weiss» ist: Sein Vater war Kenianer, seine Mutter eine weisse Amerikanerin. In einem steilen Aufstieg innerhalb der Partei hat er bereits verbal und in Bezug auf die Wirkung auf seine Zuhörer bewiesen, dass er eine Leadership-Persönlichkeit ist, aber auch sonst scheint er Potenzial zu haben: «Dabei hilft, dass Oba-

27 Harvard-Konzept.

mas politische Positionen ebenso von Vernunft geprägt sind wie
von der Suche nach tragbaren Lösungen für die mannigfaltigen
amerikanischen Probleme. Stets sucht der Senator nach Mass und
Menschlichkeit in einer Gesellschaft, die allzu oft von den Ge-
winnern dominiert wird und die Verlierer auf der Strecke lässt.»[28]
Er könnte es schaffen.

Sollte tatsächlich der elegante, sympathische, verhältnismässig
junge Mann im Januar 2009 den Amtseid als Präsident der Vereinigten Staaten ablegen, wäre er gut beraten, sich mit einem
seiner Vorgänger in diesem Amt zu befreunden. Lincoln-Bücher
sind nicht nur gute Nachttisch-Lektüre, sondern auch verlässliche
Begleiter.

Lincoln wusste zum Beispiel, dass echte Leadership oft darin
besteht, von Tag zu Tag sein Umfeld subtil zu beeinflussen, indem
man zum Beispiel mit *followers* und anderen Menschen redet.
Gerade in der Menschenführung hat er Marksteine gesetzt. Er hat
alle mit demselben Respekt und derselben Höflichkeit behandelt,
und er hat das getan, was echte Leader-Persönlichkeiten von ganz
alleine tun: andere Menschen dazu zu bringen, über sich selbst
hinauszuwachsen, um eine höhere Leistungs- oder Bewusstseins-
stufe zu erlangen.

Mit Inspiration und Sinnvermittlung hat er aussergewöhnliche Resultate von gewöhnlichen Menschen bekommen. Offen,
anständig, tolerant und fair hat er immer die Würde der Menschen geachtet. Diese Einstellung und sein Verhalten als Präsident
der Vereinigten Staaten zeigen, wie man trotz der enormen Belastung, die solch ein Amt mit sich bringt, anständig mit Menschen
umgehen kann.

Abraham Lincoln ist die Symbolisierung von Leadership, auch
für uns Heutige. Eine hochrangig besetzte Historikerkommission
hat im Auftrag der Zeitschrift «The Atlantic Monthly» eine Liste

---

28 Martin Killian: «Der Mann, der Hillary das Fürchten lehrt», in: «Tages-
    Anzeiger», 26.10.06.

der hundert einflussreichsten Amerikaner erstellt, die in der Dezember-Ausgabe 2006 veröffentlicht worden ist. Manch ein Eintrag wie manch eine Auslassung hat heisse Diskussionen hervorgerufen, aber über Position 1 war man sich einig; Abraham Lincoln ist von diesem Gremium zur angesehensten Persönlichkeit erkoren worden.

Rosmarie Michel hat zum Thema «Leadership» auch einiges beizutragen. Etwas, was ihre Kollegen so oft beiseite lassen, sobald sie in gewisse Führungspositionen kommen, ist das Bewusstsein, dass es ständig etwas zu lernen, zu verbessern, zu erneuern gibt. Bei ihr war «Lernen» immer grossgeschrieben; Bücher und Information aus allen Medien gehörten und gehören zu ihrem täglichen Leben genau wie der Besuch von Vorträgen oder Seminaren, und besonders gerne lernte und lernt sie aus Diskussionen – für all das hat sie sich in ihrem arbeitsintensiven Leben immer Zeit genommen.

Sie hätte sich übrigens gut als Vorbild für John Adairs Buch geeignet, wo es heisst: «Leadership is of the spirit, compounded of personality and vision. Its practice is an art.» Vision? Haben wir davon schon gesprochen? Ja, wenn man darunter nichts Abgehobenes sieht, sondern das Anvisieren eines zwar entfernten, aber schon in den Umrissen sichtbaren Ziels. Dies zu erreichen, braucht einerseits die Fähigkeit, andere an der Vision teilhaben zu lassen, ihnen das ferne Ziel näherzubringen, andererseits sie ganz pragmatisch dazu zu bewegen, ins Team zu kommen, und mit ihnen dieses Ziel auch zu erreichen. Das ist der schwierige Teil, aber gerade dort hat Rosmarie Michel grosse Erfolge zu verzeichnen.

Nicht umsonst heisst der Untertitel dieses Buch ja «Leadership mit Bodenhaftung».

Regula Michel (Nichte)

Daniel Michel (Neffe)

X

Tränengas und Trauerflor

Erfahrung ist nicht das, was einem zustösst.
Erfahrung ist das, was man aus dem macht, was einem zustösst.

Aldous Huxley

In den späten 60er- und frühen 80er-Jahren standen in dem sonst so sonnigen und eher unspektakulären Zürich dunkle Gewitterwolken am Himmel: Die Jugend lehnte sich auf gegen Obrigkeit und Bürgertum und versuchte, sich Freiräume zu verschaffen. 1968 waren es die «Globus-Krawalle», die für Verunsicherung sorgten, in den frühen 80er-Jahren die «Zürcher Jugendunruhen»: beides politisch motivierte Ereignisse, wobei die Jugendunruhen am Schluss – zumindest teilweise – in sinnlosen Vandalismus mündeten. Dann kamen in den 90er-Jahren die Drogenszenen am «Platzspitz», einer Parkanlage vor dem Landesmuseum, und am Letten. Mit ihnen erlebte die eigentliche Jugendkriminalität einen ersten Exzess mit Gewaltausbrüchen unter Dealern und zwischen Händlern und deren – meist jungen – Abnehmern. Entreissdiebstähle und Einbrüche in den angrenzenden Quartieren gehörten zum Alltag.

Orte des Geschehens waren hauptsächlich das Areal um den Bahnhof und das Central herum, und der «Platzspitz» befindet sich ebenfalls in der Nähe des Central – beide also in Sichtweite von Rosmarie Michel. Diese Unruhen arteten in veritable Kämpfe aus: Jugendliche gegen das «Establishment», das für sie durch die Polizei, Banken oder Institutionen der etablierten bürgerlichen Kunst verkörpert wurde. Wasserwerfer, Tränengas und Gummigeschosse gehörten plötzlich zum Zürcher Alltag.

Angefangen hatten die Unruhen der 80er-Jahre, nachdem der

Stadtrat dem Opernhaus Zürich für die Renovierung einen Beitrag von 60 Millionen Franken gesprochen hatte. Gleichzeitig
hatte die Behörde jedoch kein Musikgehör für die Forderung der
Jugendlichen nach einem autonomen Jugendzentrum. Die Kra-
walle begannen im Mai 1980 am Opernhaus und entwickelten
sich danach zu einer Gewaltspirale. Bei Saisoneröffnung im September mussten die Opernbesucherinnen und -besucher ein
Spiessrutenlaufen an den Demonstrierenden vorbei absolvieren
und wenn nicht um ihre Unversehrtheit, so doch zumindest um
ihre Garderobe fürchten. Dies alles war höchst ungewöhnlich für
Zürich und mit einer gewissen berechtigten Angst verbunden.

Wenn meine Familie am Wochenende fort war, war es meine
Aufgabe, das Haus zu beaufsichtigen. Man wusste ja nie, ob nicht
jemand ein Fenster einschlagen oder die Randalierenden über das
Eingangstor klettern würden. Die meisten Vorfälle ereigneten sich
auch am Wochenende. Aber wie geht man damit um, wenn sich
Einzelne zusammenraufen, als Gruppe formieren und gewaltsam
gegen die Obrigkeit auflehnen?

Nicht unbedingt so, wie die Polizei es tat, die laufend eingreifen
musste, der jedoch die Ideen (und die Gesprächsbereitschaft?) fehl-
ten, wie man so etwas handhabe. Gewalt erzeugt ja bekanntlich
Gegengewalt. Die Jugendlichen mit ihren schwarzen Mützen, die
auch Gesichtsmasken waren und nur Öffnungen für Augen, Nase
und Mund boten, spielten Katz und Maus mit den Ordnungshü-
tern; sie flüchteten sich in die engen Gassen der Altstadt, wo die
Polizisten dann versuchten, sie herauszuholen, weil sie verhindern
wollten, dass die «Chaoten», wie sie genannt wurden, sich in den
Geschäfts- und Bürovierteln ausbreiteten. Farbbeutel wurden gegen die Fassaden von Banken, Luxusgeschäften und öffentlichen
Bauten geschleudert. *Es war auf- und furchterregend, diesen Kampf*
aus der Nähe zu erleben.
    Eine Mischung aus Angst und Hilflosigkeit machte sich breit,
und dies nicht zu Unrecht:

Eines Nachts haben sich zwei Jugendliche vor dem Geschäft ge-balgt, und der eine hat den anderen durch die Scheibe ins Café ge-worfen. Es grenzte an ein Wunder, dass der junge Mann überhaupt noch lebte: Die Sicherheitsscheibe hatte ein grosses Loch, und die spitzen, zackigen Glasstücke lagen überall herum; etliche waren noch im Fensterrahmen hängen geblieben.

Die Männer vom Bewachungsdienst Securitas hatten alle Hände voll zu tun und konnten erst so um 2.00 Uhr früh bei uns vorbei-kommen. Ich hatte Gäste an diesem Abend, und wir haben unsere Bridge-Runde einfach ins Café verlegt, um zu verhindern, dass je-mand das kaputte Schaufenster als Einladung verstand, ins Café einzusteigen. Angst hatte ich eigentlich nicht, denn irgendwie hat das Ganze auf mich wie ein Naturereignis gewirkt, das man best-möglich überstehen musste.

Angst ist noch nie ein operatives Wort im Leben von Rosmarie Michel gewesen – weder vor neuen Aufgaben oder sogenannten «Grossen Tieren» noch bei einer Fahrt durch die Anden mit einem Auto ohne Bremsen, oder jetzt, bei einer möglichen Bedrohung ihres Elternhauses. Sie hat mehr als einmal Zivilcourage bewie-sen, und ihr Temperament geht mit ihr durch, wenn ihr ausge-prägter Gerechtigkeitssinn verletzt wird oder sie eine Gefährdung von Menschen in ihrem Umfeld ausmacht:

Vor dem Haus gab es wegen Kanalisationssanierungsarbeiten eine lange, tiefe Baugrube, die mit einer Abschrankung gesichert war. Zwei junge Männer haben das Gerüst weggerissen, um es als Strassenbarrikaden gegen den Verkehr zu benutzen. Es war Sams-tagnachmittag, schönes Wetter, jede Menge Menschen unterwegs. Ich sah, wie die zwei diese Latten demontierten, und ich war so entsetzt über diese Fahrlässigkeit, mit der sie einen gefährlichen Unfallort geschaffen hatten, dass ich auf die Strasse rannte, einen der beiden am Ärmel packte und ihn anschrie: «Spinnen Sie eigentlich? Sehen Sie nicht, was Sie da anrichten? Wenn es einen Verkehrsunfall gibt, dann sind Sie schuld. Bringen Sie das auf der Stelle zurück!» Zu

*meiner (nachträglich) grossen Überraschung tat er genau das, stellte
die Abschrankung wieder hin und ging, sein Barrikadenholz woan-
ders zu finden.*

Das waren die einzigen zwei Ereignisse, bei denen sie in so enge
Berührung mit den Globus-Krawallen gekommen ist, obwohl ihr
Haus in Bezug auf die Zürcher Jugendunruhen an sehr exponier-
ter Lage steht. Aber da sie eine Frau mit viel *common sense* ist, tut
sie auch hier instinktiv das Richtige:

*Die Stadt glich einer Festung, die meisten Gebäude wurden zum
Schutz vor Beschädigungen mit Rollläden und Gittern geschützt,
was für extrem gefährdete Objekte sicher richtig war. Diese Barrika-
den weckten jedoch noch mehr Aggressionen. Ich war der Ansicht,
dass dies eine zusätzliche Provokation für die Aufrührerischen war
und geradezu zum Zerstören einlud, und deshalb habe ich beim
Umbau sowie bei sämtlichen Bauten, mit denen ich danach etwas
zu tun hatte, keine Rollladen mehr einbauen lassen. Der Entscheid
war richtig, es gab keine Glasschäden mehr.*

Glasschäden gab es zwar keine mehr, aber auch Rosmarie Michel
hatte etwas nicht verhindern können, was in Zürich, national und
sogar im Ausland grosse Aufmerksamkeit erregte: die Strichfig-
uren, die über Nacht auf Häuserfassaden, auf Tramhäuschen oder
in Unterführungen auftauchten, von Harald Naegeli, genannt
«der Sprayer von Zürich», dorthin gesprüht. Auch ihr Haus war
davon nicht verschont worden, und sie ist immer noch empört,
wenn sie daran denkt:

*Eine schwierige Zeit! Hier ist der Sohn eines berühmten Zürcher
Medizinprofessors, der, anstatt dankbar zu sein für seine privilegier-
te Herkunft, nichts Besseres zu tun hat, als das Eigentum anderer zu
beschädigen. Er hätte seine Kunst auch sonstwo anbringen können,
aber nein, er musste seine Strichmännchen auf unsere Fassaden
sprayen, und wir mussten sie dann entfernen lassen. Inzwischen
ist er zu meinem Erstaunen zum «Künstler» avanciert, und seine*

*Strichmännchen werden heute sogar in Museen ausgestellt – unver-
ständlich!*

Die andere Situation, die Zürich in den 80er-Jahren in Atem hielt,
war die offene Drogenszene in der Parkanlage «Platzspitz». Sie hat
es als *Needle Park* zu trauriger Bekanntheit gebracht: Süchtige
aus der ganzen Schweiz, teilweise auch aus dem Ausland, trafen
sich im Park an der Limmat, und viele lebten dort im Freien;
man spricht von zeitweilig bis zu 3000 Drogenabhängigen. Der
Drogenhandel blühte, Hepatitis- und AIDS-Ausbrüche mehrten
sich, denn die «Drögler» tauschten die Spritzen untereinander
aus – eine Elendsszene. Plötzlich war das gutbürgerliche Zürich
weltweit auf allen Fernsehsendern ein Thema. Die energische
Stadträtin Emilie Lieberherr, Vorsteherin des Sozialamts, und
Stadtpräsident Dr. Sigi Widmer versuchen alles, um Lösungen zu
finden, aber zuerst mit wenig Erfolg:

*Es war eine enorme Herausforderung für die offiziellen Stellen,
die jungen Drogensüchtigen wieder aus der Szene herauszuholen
und die Beschaffungskriminalität unter Kontrolle zu halten. In unserem sehr exponierten Café gab es hin und wieder junge Menschen,
die hereinkamen, sofort die Toilette aufsuchten und sich einen Schuss
gaben. Wir hatten die Mitarbeiterinnen instruiert, dass, wenn ein
Abhängiger zu lange unten blieb, man hingehen und ihn freundlich
fragen sollte, ob man ihm helfen konnte, aber wir hatten das Glück,
dass nichts bei uns passiert ist.*

*Ich habe auch versucht, jungen Menschen, die auf Entzug waren,
in der Firma eine Arbeitsstelle zu verschaffen. Ein äusserst schwieri-
ges Unterfangen, das oft an meinen Mitarbeiterinnen gescheitert
ist, die keine Minderleistungen, Unzuverlässigkeiten oder Rücksichtnahme tolerierten. Das war für mich besonders schwierig, weil ich
mit diesen jungen Menschen Mitleid hatte.*

Zürich war, wie gesagt, in den Schlagzeilen und Nachrichtensen-
dungen der internationalen elektronischen Medien – eine uner-

wünschte Berühmtheit, die unangenehme Folgen hatte. Viele Menschen mieden die Stadt damals, besonders die Wochenend-Touristen, weil die Unruhen meist am Donnerstagabend, dem Einkaufsabend, begannen und bis spät in die Sonntagnacht hinein stattfanden. Das hatte einen spürbaren Einfluss auf die Geschäftslage, die Präsenz der Menschen im Stadtzentrum, das Image der Innenstadt – Zürichs Image hat in dieser Zeit sehr gelitten, und Rosmarie Michel litt mit ihrer Stadt.

Auch in der Politik war man verzweifelt. Es standen Wahlen für die Exekutive an, und man suchte Kandidatinnen und Kandidaten, die bereit waren, sich in dieser schwierigen Situation zur Wahl zu stellen.

Zu meinem grossen Erstaunen erhielt ich eine Anfrage, ob ich mich als Stadträtin nominieren lassen wollte. In einer direkten Demokratie, wie sie die Schweiz praktiziert, ist Politik etwas sehr Wichtiges, und ich habe mich immer damit auseinandergesetzt. Ich bin der Meinung, dass Bürgerinnen und Bürger dem Staat gegenüber auch Pflichten zu übernehmen haben, nicht nur auf ihre Rechte pochen sollten, also habe ich mir den Entscheid sehr gut überlegt, denn es ging ja wieder einmal um meine Stadt. Andererseits habe ich mich gefragt: Wird das gehen mit meinem Temperament?

Der Entscheid ist, nach reiflicher Überlegung, ein Nein; der Hauptgrund für die Ablehnung der ehrenvollen Anfrage ist Trudy Michel-Schurter bzw. die liebevolle Beziehung zwischen Mutter und Tochter:

Meine Mutter, seit 1967 verwitwet und durch Arthrose gehbehindert, brauchte mich, und ich wollte die Zeit, die mir noch neben meinen diversen Aktivitäten blieb, ihr und unserer Firma widmen. Ein Exekutivamt ist eine Vollzeit-Angelegenheit und braucht den ganzen Einsatz. Ich habe also abgelehnt, und das war gut so, denn kurz darauf passierte etwas, was so gravierende Folgen hatte, dass ich nicht weiss, wie ich diese Folgen mit einem Stadtratsamt hätte unter einen Hut bringen können.

Rosmarie Michels Schwägerin Manja, gerade 50 Jahre alt geworden, stirbt an einem bösartigen, unheilbaren Gehirntumor. Sie
hinterlässt einen schwer getroffenen Witwer und zwei Kinder. Sie
waren zwar keine Kinder mehr, aber mit 16 und 19 Jahren ohne
ihre Mutter doch sehr verloren. Vorerst bleiben alle im Haus am
Central, wo sie schon vorher eine Wohnung gehabt hatten. Als
der Vater wieder heiratet und nach Wädenswil auf die andere Seite
des Zürichsees zieht, ergibt sich im Hause Schurter eine Hausgemeinschaft, bestehend aus einer Grossmutter, einer Gotte[30],
einem Kulturingenieur und einer im Studium befindlichen
Kunsthistorikerin – eine Schrumpffamilie, die sich sehr eng zu-
sammenschliesst. *Daniel und Regula waren mir sehr nahe; ich habe
versucht, für sie da zu sein und ihnen in der ersten Zeit Beistand zu
leisten.* Weiteren Beistand finden die jungen Leute bei der Grossmutter.

1987 verkleinert sich auch die Familie. Patensohn Daniel geht
nach rund sechs Jahren Berufstätigkeit als Ingenieur nach Tokio,
wo er ein Stipendium an der Technischen Universität und gleichzeitig einen Job in einem Architekturbüro hat. *Ein wichtiger Teil
der Familie war nun weit weg. Auf einer Reise mit Women's World
Banking nach Malaysia habe ich ein paar Tage mit ihm in Tokio
verbracht, eine hochinteressante und wunderschöne Erfahrung.*

Tokio hält für Nichtjapaner auch Kulturschocks bereit. Einer
davon ist die Art, wie die Strassenschilder beschriftet sind. Irgendwann merkt die kühne Besucherin, dass die Embleme nicht immer dieselbe Bedeutung haben – spätestens nämlich, als sie aben-
teuerlustig einen Wagen mietet, um mit ihrem Neffen, der sich
als «Profi-Guide» entpuppt und viele besonders interessante Orte
auswählt, die Umgebung um Tokio herum zu erkunden. Aber
auch in öffentliche Verkehrsmittel wagt sie sich, ohne ein Wort
Japanisch zu sprechen:

---

30 Schweizerisch für Patin.

Jing Ping (M.), Tamino (l.) und Nona Michel.

Daniel wohnte ausserhalb des Zentrums und bat mich, die S-Bahn zu benutzen, um seine Wohnung zu sehen und einen Ausflug in die Nachbarschaft zu machen. Ich stieg also mutig in die von ihm angegebene Nummer der S-Bahn. Nach zehn Minuten ertönte ein Lautsprecher, aus dem eine Stimme irgendetwas erzählte. Der Zug hielt an der nächsten Station, und alle stiegen aus.

Die Japaner sind sehr diszipliniert, und da ich ja keine Wahl hatte, stieg ich ebenfalls aus, blieb aber genau dort stehen, wo ich den Zug, der leer wegfuhr, verlassen hatte. Nach zwei Minuten kam eine neue Zugkomposition, die mich dann weiterbefördert hat. An Station 12 stand Daniel, wie abgemacht, und nahm mich in Empfang.

Er ist im Ganzen 17 Jahre in Japan geblieben, hat dort seine Frau, eine Chinesin, kennengelernt, und dort sind auch ihre beiden Kinder, Nona und Tamino, geboren. Nachdem es regelmässig Besuche in der Schweiz gegeben hat, ist die Familie vor drei Jahren, als die Tochter eingeschult werden musste, nach Zürich umgezogen – für mich eine Quelle der Freude! Offenbar bin ich für die Rolle als Grossmutter gar nicht so unbegabt …

Während der Bruder in Tokio ist, hat seine Schwester Regula ihr Studium als Kunsthistorikerin abgeschlossen und sich in Denkmalpflege spezialisiert. Sie ist eine einfühlsame Enkelin und eine liebe Nichte: *Sie hatte bei mir immer eine Sonderstellung, war sie doch einmal ein echtes Geburtstagsgeschenk: An meinem 28. Geburtstag informierte mich ein Telegramm meines Bruders, dass ich an genau dem Tag zum zweiten Mal Tante geworden war.* 1992 heiratet sie einen Amerikaner und zieht nach New York. Dieser Abschied fällt Rosmarie Michel sehr schwer, denn sie weiss, dass sowohl sie als auch ihre Mutter Regula – die beim Hausumbau 1984 in eine eigene Wohnung an der Winterthurerstrasse gezogen ist, aber immer noch oft zu Besuch kommt – sehr vermisst werden. Zum Glück erlauben die regelmässigen Arbeitssitzungen mit WWB, dass sich Tante und Nichte wenigstens ab und zu in New York sehen können.

Nach einer kurzen, nicht sehr glücklichen Ehe kehrt die Nichte bereits 1993 wieder nach Zürich zurück, und zwar zu der Zeit, als die Seniorin, das Familienoberhaupt, im Sterben liegt. Sie hat in dem renovierten Haus ein Stockwerk bewohnt, ihre Tochter konnte sie also betreuen und hat ihr mit grossem persönlichen Einsatz ermöglicht, in ihrem, dem gemeinsamen Haus zu sterben. Ihr Tod ist eine ungeheure Zäsur, obwohl Rosmarie Michel natürlich sehr dankbar ist, dass sie ihre Mutter zweiundsechzig Jahre ihres Lebens um sich haben durfte. Als Regula Michel davon spricht, wieder nach Zürich zurückzukehren, fragt ihre Tante, ob sie die Wohnung der Grossmutter übernehmen möchte. *Sie hat ja gesagt, und das war eines der schönsten Geschenke in meinem Leben, dass ich ganz in der Nähe jemanden aus der Familie habe, mit dem ich mich so gut verstehe.*

Eine schwierige Zeit, diese 90er-Jahre, auch beruflich: *Ich hatte in einem Verwaltungsrat jemanden, der gegen mich arbeitete und mir unterstellte, dass ich Fehlentscheide gefällt hatte; ich musste versuchen, Lösungen zu finden. Das war alles andere als einfach, und es ist mir wirklich unter die Haut gegangen.*

Der Preis für die über Jahre andauernde Belastung ist hoch. Ostern 1994 verbringt sie im Krankenhaus, nachdem eine Ambulanz sie nach einem Herzinfarkt in der Nacht zum Ostersonntag mit Blaulicht dorthin gebracht hat. Lange hält sie es dort allerdings nicht aus. Nachdem sie mit den Ärzten Rücksprache gehalten und entschieden hat, dass eine Operation nicht angesagt sei, sieht sie keinen Grund für ein längeres Krankenhaus-Gastspiel. Doch sie achtet – vielleicht zum ersten Mal in ihrem Leben – auf die Zeichen ihres Körpers und befolgt tatsächlich die Anweisungen der medizinisch geschulten Menschen um sie herum, und dankbar registriert ihre Umwelt, dass sie sich in ihren eigenen vier Wänden langsam wieder erholt.

Wie geht man um mit einem solchen Absturz?

Wenn man Glück hat, gibt es Menschen in der Nähe, die einem helfen, damit umzugehen. Ich bin mit meiner Freundin, die mich gut kennt, nach Berlin geflogen, wo die Verpackungskünstler Christo und Jeanne-Claude gerade den Reichstag verhüllt hatten. Es war etwas, was mich sehr interessierte. Die Projekte, die sie in den USA verwirklicht hatten, hatte ich nicht sehen können, und dieses Erlebnis am Reichstag in Berlin hat mir etwas sehr Wichtiges gezeigt:

Ich habe erkannt, dass Kunst nicht statisch sein muss, nicht ewig das Gleiche bieten muss, vergänglich sein darf – und trotzdem einen gewaltigen Einfluss haben kann auf Menschen. Wir waren an dem Wochenende in Berlin, als die Besucherzahl des Kunstereignisses auf eine Million geschätzt worden ist. Der riesige Platz vor dem Reichstag war voller Menschen: Alte und Junge, Kinder und Säuglinge aller Kulturen – aber ich habe nie etwas Friedvolleres gesehen. Kein Lärm, keine Auseinandersetzungen, kein Geschrei, keine Betrunkenen. Stattdessen fröhliche Familien, Picknicks, hie und da von Gitarrenmusik begleitet, und eine Art unsichtbares Band zwischen all diesen Menschen, die da auf der Wiese saßen oder herumliefen und diese genial umgesetzte Idee zweier Künstler betrachteten und kommentierten. Es war ein einmaliges Erlebnis, das mir viel gegeben hat – vor allem die nötige Distanz zu meinen persönlichen Blessuren.

Rosmarie Michel «in action»

Die «Veuve Cliquot»-Connection.

XI

Petites fugues[31]

Some people have a wonderful capacity to appreciate
again and again, freshly and naively, the basic goods of life, with
awe, pleasure, wonder, and even ecstasy.[32]
A. H. Maslow

Wenn Rosmarie Michel sich den idealen Ort für ihre zahlreichen beruflichen und nebenberuflichen Aktivitäten hätte aussuchen können, sie hätte wohl kaum einen besseren Ausgangspunkt finden können als den ihres Hauses am Central. Ihr geschäftiges Leben hat sich in einem Umfeld abgespielt, das ideal war für diese Vielfältigkeit: mitten im Herzen Zürichs, zwölf Minuten vom Flughafen entfernt, mit einem Taxistand und sieben Tram- und Buslinien vor der Tür sowie Hauptbahnhof und S-Bahnhof in Sichtweite und dreiminütiger Laufdistanz!

Und wenn man schon so lange in einer Stadt lebt wie sie, hat man sich auch in Bezug auf alle Dienstleistungsquellen bestens organisiert. Zehn Minuten von ihr entfernt befinden sich im Umkreis von hundert Metern das Geschäft, aus dem der Grossteil ihrer Garderobe kommt, der Coiffeur, bei dem sie sich die Zöpfe hat abschneiden lassen und dem sie jetzt über sechzig Jahre lang die Treue gehalten hat, die Banken, die ihre Geschäfte erledigen, der Zahnarzt sowie die Confiserie Sprüngli, eines der besten Kon-

---

31 Kleine Fluchten (in Anlehnung an den Film «Petites Fugues» von Yves Yersins).

32 Es gibt Menschen, die die wunderbare Fähigkeit haben, die grundlegenden Dinge im Leben immer wieder, auf neue und urtümliche Weise zu schätzen, mit Ehrfurcht, Freude, Erstaunen und sogar Ekstase.

kurrenzunternehmen, wo sie unter anderem auch deswegen gerne einen Stopp einlegt, weil sie dort immer etwas lernen kann. Dieses Arrangement hat sowohl zu ihrer Effizienz als auch zu ihrem Komfort beigetragen.

Trotz aller Arbeit und Reisetätigkeit hat auch ein intensives Privatleben stattgefunden. Sie hat sich Oasen geschaffen, wo sie auftanken und geniessen konnte und kann, und ihr privates Umfeld besteht aus Menschen, mit denen sie gerne zusammen ist. Sie ist nicht nur der nächsten Generation nahe, sondern auch der übernächsten, und die Rolle einer Grossmutter scheint ihr auf den Leib geschrieben zu sein. Das alles braucht allerdings Zeit …

Die meisten Wirtschaftszeitungen, die etwas auf sich halten, kommen früher oder später auf die unselige Idee, einen Fragebogen für Interviews mit Führungskräften auszuarbeiten. Dabei ist der Prototyp schon längst erfunden, denn wie erklärt sich sonst, dass jeder dieselben dummen Fragen zu stellen scheint, wie (1) «Grösste Stärke?» oder (2) «Grösste Schwäche?», (3) «Grösstes Vorbild?» oder (4) «Grösster Wunsch?» und Ähnliches. Nichts entlarvt die Führungskräfte, die glauben, hier nicht auffallen zu dürfen und deshalb ganz «normal» antworten zu müssen, mehr als die stereotypen Antworten, die sie geben. Vielleicht gibt es auch schon den Prototypen für die Antworten, denn sie ähneln sich fatal. Antwort (1): «Da müssen Sie meine Mitarbeiter fragen.» Antwort (2): «Ungeduld.» Antwort (3): «Meine Mutter.» (Variante: «Jede Krankenschwester, die sich im Spital einsetzt.») Antwort (4): «Mehr Zeit.» (Variante: «Mehr Zeit für die Familie.») Eine kürzlich gelesene neckische Variante zu der vierten Antwort: «Mehr weisse Flecken in meinem Terminkalender.»

Was würde Rosmarie Michel wohl auf solche Fragen antworten? («Würde», denn diese Art von Null-acht-fünfzehn-Interview ist ihr weitgehend erspart geblieben.) Originelleres, soviel ist klar, und ganz sicher hätte sie nicht «Mehr Zeit» gesagt, denn sie hat sich für alles, was ihr wichtig war, die benötigte Zeit genommen. Es sind ihre «kleinen Fluchten», die einen Ausgleich zu ihrer oft

aufreibenden Tätigkeit gewährleistet haben und die sie sich auf
vielfältige Weise ermöglicht hat.

Da wäre mal ein Transportmittel, das gleichzeitig eine Oase
wie auch ein Transportmittel zu anderen Oasen ist: das Auto. Ihr
Auto. Die Leidenschaft fürs Autofahren ist ihr offenbar genetisch
weitergegeben worden: Schon ihr Vater ist ein – wie sie es gerne
ausdrückt – «enragierter Autofahrer». Aus Krankheitsgründen
muss er zuerst das Fahren und schliesslich auch das Auto aufgeben, aber zuvor hat er ihr wohl seine Liebe zum Autofahren vermittelt. Die Mutter fährt zwar nicht selbst, liebt es aber, gefahren
zu werden:

*Meine Mama hatte in späteren Jahren Kniearthrose, und da war
das Auto natürlich eine Voraussetzung für Reisen mit ihr an den
Wochenenden, wenn sie jeweils den Sommer im Engadin verbracht
hat. Ich habe sie dann abgeholt für irgendeine Fahrt nach Wunsch,
am liebsten für eine, die mindestens zwei Bergpässe beinhaltete –
und damit konnte ich ihr eine grosse Freude machen.*

In erster Linie ist das Auto aber zum Abschalten und Auftanken da:

*Fast alle Europareisen habe ich auf vier Rädern gemacht, und wo
immer möglich bin ich zu den Sitzungen mit dem Auto gefahren, im
Wissen darum, dass meine Privatsphäre vor- und nachher gewährleistet war. Das brauchte ich, um mich in eine bevorstehende Sitzung intensiv einzudenken, beendete Sitzungen zu verarbeiten und,
wenn mein Terminplan sehr dicht war, mich auf die nächste anste-
hende Sitzung vorzubereiten. Diese Privatzeit war besonders nötig,
da ich laufend in neue Gebiete eingetaucht bin.*

*Und dann gab mir das Auto auch Gelegenheit, bei meinen Paten-
kindern zu punkten: So sind wir zu den Tell-Spielen nach Interlaken
gefahren oder auch mal nach München, um – parallel zu meinen
dortigen Aufgaben – die olympischen Anlagen anzuschauen, denn
eines der Patenkinder war ein leidenschaftlicher Wassersportler.*

Das Auto hat ihr viel Erleichterung gebracht, sozusagen «Autonomie». Ein Referat in Strassburg bedeutet: Noch am selben Tag wieder nach Hause! *Egal, wie spät ich dann dort angekommen bin, es war beruhigend, dass ich zu Hause war, in meinem eigenen Bett schlafen und am nächsten Morgen wieder im Geschäft sein konnte. Immerhin habe ich von Anfang an ökologisch vertretbare Autos bevorzugt: klein, schnell und stark, mit geringem Benzinverbrauch.* Es wird niemanden wundern, dass sie nicht zu den Menschen gehört, die jedes Jahr ihr Auto wechseln oder am Samstagmorgen die Karosserie blank putzen. Für Letzteres gibt es ja Waschanlagen …

Manchmal muss sie ihr «kleines Haus auf vier Rädern» schützen, so zum Beispiel am Anfang ihrer Zeit als schweizerische Präsidentin. Im Vorfeld einer Vorstandssitzung im Tessin sagt die Verbandssekretärin zu ihr: «Sie wollen doch sicher das ganze Material in Ihrem Auto nach unten mitnehmen, nicht wahr?» Oh, oh! *Ich antwortete etwas schnippisch: Ich dachte, ich sei zur schweizerischen Präsidentin, nicht zur Chauffeuse des Verbandes ernannt worden. Natürlich gab es kein zweites Mal; die Privatsphäre ist mir in diesem Amt erhalten geblieben.*

Mit all den Impulsen, die sie den ganzen Tag aufnahm, war es sehr wichtig, zwischendurch Ruhephasen einzuschalten – entweder im Auto oder in ihrer Wohnung in dem grossen Haus.

Ich habe das Bedürfnis, mich hie und da abzusetzen. Bei Bürositzungen in London zum Beispiel ging man essen, und da gab es zwei Gruppen: Die eine Gruppe ging ins Pub, die andere in die Pizzeria. Das war für mich sehr günstig, denn ich wollte eigentlich mit niemandem essen, aber die Pub-Gruppe glaubte mich in der Pizzeria, die Pizza-Gruppe dachte, ich sei im Pub, und so hatte ich meine Ruhe. In Wirklichkeit war ich im British Museum, in der ägyptischen Abteilung, aus der ich dann mit neu gewonnener Ruhe wieder auftauchte. Ich habe immer wieder versucht, in einem Museum «alte Lieblinge» zu besuchen oder neue zu entdecken – das gehört zu meinen Lebensbedingungen.

Kleine, manchmal sehr kleine Fluchten. Auch bei aller Liebe zu ihrer Familie musste sie ab und zu Kontrapunkte setzen: *Ich war jeden Sonntag einige Stunden im Büro, um dann am späten Nachmittag wieder zur Familie zu stossen.*

Im Gegensatz dazu die Weite, die das Fliegen vermittelt. Sie gerät geradezu ins Schwärmen, wenn sie davon spricht. Ihre wichtigsten und längsten Flüge fanden zu einer Zeit statt, als Fliegen noch etwas Besonderes war:

Besonders die ersten Jahre des Fliegens haben mir das Gefühl von freudiger Erwartung vermittelt. Wenn das Flugzeug abhob, überkam mich immer ein Gefühl des Abenteuers. Ich glaube heute noch, es sei etwas Besonderes, und die Anflüge auf New York beeindrucken mich jedes Mal wieder, wie danach übrigens auch jede Fahrt mit dem Taxi von JFK nach Manhattan. Weder ein kleines Flugzeug in Zentralafrika, das in ein schreckliches Gewitter geriet, noch ein nicht gerade neues Modell mit einem ausgefallenen Motor in Libyen haben mir Angst gemacht. Die Möglichkeit, enorme Distanzen in kurzer Zeit zu überwinden, beeindruckt mich immer noch – gleichzeitig ist es auch eine Möglichkeit, über den Wolken zu schweben und die Unendlichkeit in dieser Dimension zu sehen.

Der Möglichkeiten zur Erholung in ihrem sehr gedrängten Arbeitsprogramm waren und sind viele, und zu den Highlights in diesem Bereich gehören Musik und Literatur. *Es gibt keinen Tag in meinem Leben, an dem ich nicht abends noch ein paar Seiten lese. Literatur lenkt mich ab, vermittelt mir neue Gedanken und Sichtweisen und gibt mir Ruhe und Ausgeglichenheit.*

Musik. Das hiess für sie früher auch, Klavier zu spielen. Irgendwann einmal hat sie dann das Klavier verschenkt. Zum 60. Geburtstag aber schenkt ihr der Freundeskreis eine kleine elektrische Ausgabe. Auch darauf spielt sie nicht so oft, wie sie es sich wünscht, und wer ein Musikinstrument spielt, weiss, wie wichtig es ist, keine langen Pausen einzuschalten. Vielleicht wird sich auch das ändern, jetzt, wo sie das Geschäft verkauft hat.

Andererseits: Musik zu hören ist für sie weitaus mehr als Konsum. *Konzerte in der Tonhalle, in der sich übrigens meine Eltern an einem Ball kennengelernt haben, sind mir immer noch ein Bedürfnis: Dort zu sitzen, diesen Raum über mir, mit Klängen erfüllt, zu spüren und einfach Musik zu geniessen gehört für mich nicht nur zu den schönen, sondern zu den nötigen Erlebnissen.* Und bei solchen Anlässen erahnt man, dass sie von Musik mehr versteht, als man annimmt. Als mathematisch orientierter Mensch kann sie Musikstücke auch erklären, den Zugang zu ihnen erleichtern und sogar moderne Musik zumindest begreifbar machen.

Theater und Kino, die NZZ[33] und das Internet, Fernsehen und Radio: Es gibt in ihrem Leben Zeit für Information wie für Entertainment, für Kultur wie für die modernste Kommunikationstechnologie.

Ästhetik ist ein Begriff, der in ihrem Leben eine grosse Bedeutung hat. Sie hat ein geschultes Auge für Proportionen, und etwas, was sie an den Griechen besonders bewundert, ist deren Sinn für das richtige Mass. Sie kann den Goldenen Schnitt in einem Bild aufzeigen, kann erklären, warum etwas so und nicht anders in diesem Bild vorkommt, und meistens auch noch, was denjenigen, der es kreiert hat, dazu überhaupt bewogen hat bzw. was er mitteilen wollte. Dieses Talent hat ihr natürlich auch beim Bauen geholfen und lässt sie Architektur über deren Zweckmässigkeit hinaus als Kunst begreifen:

Mit der jahrlangen Bauerfahrung sind Bauten, ist die Architektur als Ganzes zu einem wichtigen Bestandteil meiner Stadtgänge geworden. Einen Strassenzug zu erfassen, die Häuser vom Erdgeschoss bis zum Dachfirst wahrzunehmen, ihren Standort zu begutachten und moderne Architektur aufzunehmen gehört automatisch zu den Stadterlebnissen. Ganz besonders liebe ich es, die Geschichte

---

33 «Neue Zürcher Zeitung».

von Bauten optisch und gedanklich nachzuvollziehen. Nicht alles entspricht meinen Erwartungen, meine Fantasien sind sehr oft unrealistisch, aber Stein, Glas, Zement und Farben beginnen zu leben und Geschichten zu erzählen.

Vielleicht müsste man doch auch für sie einen Fragebogen erfinden; doch wer so stark empfindet, seine Umgebung so fantasievoll wahrnimmt, dessen Antworten würden wohl den vorgesehenen Rahmen auf solch einer Zeitungsseite sprengen.

Fluchten finden nicht nur um Gebäude herum statt, selbst wenn sie Tonhallen oder Bibliotheken beherbergen, sondern natürlich auch mit lebendigen Zweibeinern: *Ich hatte neben der Familie immer auch eine grosse Zahl von Freunden und Patenkindern, die mir mein Leben verschönert, bereichert und interessant gemacht haben. Ich habe das sehr genossen, vor allem auch die Kindernachmittage mit Geschichten, Spielen und natürlich wunderbarer Zwischenverpflegung, die die Patenkinder bei der Stange gehalten haben und mit denen ich bei ihnen punkten konnte.*

Rosmarie Michel ist immer fair, aber sie kann auch sehr konsequent – um nicht zu sagen, hart – sein, wenn es ans Verhandeln geht. Sie hat nie Leichen am Wege gelassen, aber hie und da Menschen genervt, frustriert oder richtig wütend gemacht. Dabei ging es nicht um den eigenen Vorteil, sondern meistens um Gerechtigkeit oder *common sense*. Es wäre für diese Menschen interessant zu sehen, wie diese Frau, die sie als *tough* empfunden haben, dahinschmilzt, wenn es um Kinder geht. Sie kann wirklich Geschichten erzählen, gelesene und erfundene, kann Theaterstücke aus dem Stand heraus kreieren, beim Kulissenmalen helfen, Marionetten in verschiedenen Tonlagen sprechen lassen und dabei genau zum richtigen Zeitpunkt an die Zwischenverpflegung denken. Kein Wunder, dass sie bei ihren Patenkindern sehr beliebt war – eine Beliebtheit, die sie heute auch bei den Kindern ihres Neffen geniesst.

Der Umgang mit Menschen war ihr tägliches Aufgabengebiet: Zwischen Geschäft und Café, zwischen Berufsausbildung und

Verbandstätigkeit, zwischen dem Umgang mit Primadonnen und dem Zugang zu Menschen in Entwicklungsländern kommt ein beachtliches Kommunikationstalent, gepaart mit Empathie und Humor, zum Vorschein. Ein seit Jahrzehnten bestehender Freundeskreis wie auch der leichte Zugang zu neuen Bekanntschaften oder Geschäftskontakten bestätigen das. Das mag auch damit zu tun haben, dass sie ihre Freundschaften pflegt und ihr Haus sehr gerne für ihre Gäste öffnet – das Erbe von fast 15 Generationen Vorfahren im Gastgewerbe, die sich in ihrem Stammbaum finden.

In diesen letzten sehr stürmischen Jahren waren die Möglichkeiten, Gäste zu haben, allerdings reduziert. Einerseits gab es da wirkliche Zeitprobleme, andererseits war die Vielbeschäftigte oft auch einfach zu müde, um mit schönen Tischen und mehrgängigen Menüs aufzuwarten. Aber so langsam kommt die Liebe zum Bewirten und Verwöhnen ihrer Gäste wieder, erwacht wieder der Wunsch, mit sechs bis acht interessanten Menschen am Tisch einen Abend zu verbringen. Man spürt die Vorfreude darauf, das wieder vermehrt zu bewerkstelligen – sowohl spontan als auch sorgfältig im Voraus geplant.

Seit dem Tod ihrer Schwägerin hat sie durch all die Jahre hindurch die Tradition bewahren können, an einem Tag des Wochenendes Familienmitglieder zum Abendessen zu bewirten. Das waren eine längere Zeit ihre Mutter, ihr Neffe, ihre Nichte mit den jeweiligen Partnern und sie selbst.

Die Familie hat immer eine lebhafte Diskussionskultur gepflegt – so lebhaft, dass es für Aussenstehende missverständlich sein konnte. So gab es einmal eine Freundin von Daniel, die ziemlich erstaunt nach solch einem Abend fragte: «Sag mal, habt ihr eigentlich immer Streit miteinander?» Wir hatten natürlich keinen Streit, aber wir konnten mit einer Vehemenz diskutieren, an die wir uns längst gewöhnt hatten, die aber offenbar bei unbeteiligten Zuhörern einen anderen Eindruck hinterliess.

Ich habe mich immer auch verpflichtet gefühlt, die erweiterte Fa-

milie einzuladen: Basen, Vetter, Onkel, Tanten – wer immer «fällig» war – sind solchen Einladungen gerne gefolgt.

Wieder ist hier eine Situation, in der Rosmarie Michel pragmatisch vorgeht. Eigentlich hat sie ja nicht gelernt, wie man einen Haushalt führt und kocht. Aber sie hat immer wieder zugesehen, wie man es macht – manchmal vielleicht nicht intensiv genug:

Als ganz junges Mädchen musste ich mal für die erkrankte Köchin einspringen. Damals hatten wir fünfzehn Leute am Tisch. Ich habe ein einfaches Gericht gewählt: Blut- und Leberwürste. Dazu braucht man neben den Würsten noch Kartoffeln und Apfelstückchen. Nachdem ich alles vorbereitet und aufgesetzt hatte, bin ich ganz beschwingt aus der Küche gegangen, in der Meinung: Kartoffeln kochen alleine, Apfelstückchen kochen alleine, Würste kochen alleine. Das stimmte auch und traf in besonderem Masse auf die Würste zu: Als ich wieder in die Küche kam, bildeten die geplatzten Blut- und Leberwürste in den Töpfen einen grauenhaften Anblick – und zwanzig Minuten später musste ich für die Angestellten etwas auf dem Tisch haben. Glücklicherweise gibt es in nächster Nähe genügend Restaurants und Imbissstätten, ich konnte mit Bratwürsten vom Grill Ersatz bieten. Aber nach diesem Essen habe ich mir geschworen, dass ich mich intensiver mit Kochen befassen würde.

Das hat sie dann auch getan, was besonders ihre Mutter und ihre Nichte später in der Hausgemeinschaft schätzen gelernt haben. Es ist ein echtes «on the job»-Training gewesen, und wie bei allen anderen Situationen hat sie am meisten von den Abstürzen gelernt:

Als einmal meine Freunde aus England zu Besuch kamen, wollte ich ein altes Zürcher Rezept kochen: eine Blätterteigpastete mit Fleischkügelchen, die mit einer Madeirasauce serviert wird. Meine Mutter hat mir das Backen und Kochen überlassen. Natürlich muss die Sauce separat serviert werden, und ich wäre unglaublich froh gewesen, wenn mir das jemand rechtzeitig gesagt hätte – bei mir war sie nämlich in der Pastete, und als ich die am Tisch aufschnitt, kam die Sauce in einem Sturzbach heraus. Gott sei Dank hat sich das in einer tiefen Schüssel abgespielt und auf dem schön gedeckten Tisch keinen grösseren Schaden angerichtet.

Das waren frühe Höhepunkte in meiner Laufbahn als Köchin, aber mit den Jahren hat es keine solchen Pannen mehr gegeben. Ich habe zwar noch keine Meisterschaft erlangt, aber wenigstens bekommt man als Gast bei mir etwas auf den Tisch.

Das ist nun wieder einmal ein typischer Fall von Michelschem *understatement*. Rosmarie Michel ist inzwischen eine hervorragende und experimentierfreudige Köchin geworden, wie ihre Gäste nur zu gerne bestätigen. Sie serviert altzürcherische Gerichte ebenso wie solche aus der modernen Küche. Vor grösseren Einladungen liegen Kochbücher auf ihrem Nachttisch. Dabei sind Rezepte für sie gerade gut genug, um als Anregung zu dienen. Furchtlos und fantasievoll macht sich die angebliche Nichtköchin daran, diese Anregung nach eigenem Gutdünken umzusetzen, mit dem Resultat, dass oft etwas ganz anderes, aber ausgesprochen Wohlschmeckendes entsteht. Das wiederum mag etwas damit zu tun haben, dass drei Zutaten nie in ihrer Küche fehlen: Butter, Doppelrahm und Wein. *Mit diesen drei Dingen kann man fast jedes Rezept in ein wohlschmeckendes Gericht umwandeln.*

Auch die kleinen Fluchten können also mit Arbeit verbunden sein, aber es ist genussvolle Arbeit in einem perfekt ausgestatteten und gepflegten Haushalt, und der Dank der Gäste, die, wie gesagt, oft erst einige Zeit nach Mitternacht ihr Haus verlassen, ist für sie die schönste Entschädigung für den Aufwand.

MENTOR FÜR FRAUEN

Im Frühling dieses Jahres ernannte die Universität Zürich Rosmarie Michel zu ihrem ständigen Ehrengast. Sie anerkennt damit den Einsatz Frau Michels für die Förderung der Frau in Beruf, Öffentlichkeit und Politik sowie als oberste Schirmherrin der Mensen der Universität. Foto: Rosmarie Michel, umrahmt von Urs Freudiger, Direktor des Akademischen Sportverbandes ASVZ (links), und Rektor Hans-Heinrich Schmid (Unipressedienst).

PROFESSIONNELLE   11

Universität Zürich. Prof. Hans Heinrich Schmid, Rektor, Rosmarie Michel, Urs Freudiger, Direktor Akademischer Sportverband.

XII

Sternstunden

Shoot for the moon. Even if you miss it,
you're still going to land among the stars.
American Saying

In seinem Buch «Sternstunden der Menschheit» beschreibt Stefan
Zweig grosse Momente der Weltgeschichte, die Durchbrüche, Be-
freiungen, Kapitulationen, Anfänge oder Endresultate repräsentieren: die Entdeckung des Pazifiks, die Entstehung von Händels
«Messias», ein Schlüsselereignis in Waterloo, die Eroberung von
Byzanz oder der Tod Tolstois. Im «richtigen» Leben meint man,
wenn man von einer Sternstunde spricht, gewöhnlich weniger
bedeutende Geschehnisse, die zwar nicht die Menschheit verändert haben, aber für den Menschen, der sie durchlebt hat, trotzdem von grosser Bedeutung sind. Die Begebenheiten in diesem
Kapitel könnten zweifelsohne zu Rosmarie Michels Sternstunden
zählen, aber – wir sind hier ja in Zürich – das ist ihr schon wieder
zu dramatisch. Sie zieht die Bezeichnung «Sternschnuppen-Momente» vor:

Sternschnuppen sind diese wünschbaren Bewegungen am Him-
mel, bei denen man, wenn man sie wahrnimmt, in Gedanken einen
geheimen Wunsch formulieren darf. Das Interessante ist, dass man
aus seinem reichen Wunschkatalog allerdings in solchen Momenten
selten den «einzig richtigen» Wunsch parat hat, so dass wir mit dem
Formulieren unseres Wunsches fast immer zu spät sind. Aber trotz-
dem: Dass eine Wünschbarkeit überhaupt möglich ist, ist schon et-
was Wunderschönes, und dass einem Sternschnuppen-Momente zu-
fallen und erst in der Rückschau sichtbar werden, führt dazu, dass
aus dem Moment eine Erinnerung fürs Leben wird.

Die Frau mit Bodenhaftung, Pragmatismus und grosser Realitäts-
bezogenheit hat ein besonderes Verhältnis zur Sternenwelt, das ihr
offenbar mitgegeben wurde:

*Sterne haben in unserer Familie immer einen prominenten Platz
eingenommen. Wenn ich von meiner Dachterrasse über die Dächer
Zürichs schaue, sehe ich ganz in der Nähe die Urania-Sternwarte;
an schönen Abenden mit klarem Himmel ist sie geöffnet, und das
heisst, dass dort Besucher mit dem Fernrohr den Himmel abtasten.
Meine Mutter war davon auch begeistert. Wenn sie auf der Zinne,
dort, wo früher die Wäsche zum Trocknen aufgehängt war, stand
und zum Sternenhimmel hinaufschaute, war sie so fasziniert von
diesem Anblick, dass die sonst so realistische Geschäftsfrau direkt ins
Träumen kam. Sie kannte sogar viele Gestirne beim Namen. Das
Interesse für Sterne hat mein Bruder von ihr geerbt; auch er hat sich
mit den Gestirnen befasst. Er kannte die ganze Himmelsgeografie
und hat mich einiges gelehrt.*

*Nicht nur mein Bruder und meine Mutter, sondern auch mein
Urgrossvater väterlicherseits war ein Hobby-Astronom. Er hatte eine
Druckerei an der Schipfe, das Geburtshaus meiner Grossmutter, in
der er vieles von den wichtigen Ereignissen Zürichs auf Papier festge-
halten hat: spezielle Berichte, Kalender oder Karten. Oben auf seinem Haus baute er sich eine private kleine Sternwarte, die später
leider demontiert wurde. Sein Haus lag am linken Limmatufer, am
Fuss des Lindenhofs.*

Der Lindenhof repräsentiert für Zürich «grosse Geschichte», zum
einen, weil er ein Beweis ist, dass Zürich ungefähr zweitausend
Jahre alt ist und von den Römern als eine Zollstation namens Tu-
ricum genutzt wurde, zum anderen auch wegen einer Episode aus
dem Mittelalter, bei der Frauen eine grosse Rolle gespielt haben:

*Auf diesem Moränenhügel steht auch seit längerem als Brunnen-
figur die Statue einer heldenhaften Zürcherin – sozusagen ein Zür-
cherisches Gegenstück zu all den Varianten vom Grabmal des unbe-
kannten Soldaten. Es ist eine wehrhafte Frauengestalt, die an die*

tapferen und listigen Frauen erinnern soll, denen es gelungen ist, das belagerte, schutzlose Zürich aus den Klauen der Habsburger zu retten. Als Krieger gekleidet, mit Helm, Schild und langen Spiessen, sind sie mit viel Lärm auf den Lindenhof gezogen. Die Belagerer glaubten, ein starkes Heer sei irgendwie in die Stadt gelangt und würde dort oben kampfbereit auf sie warten; als Konsequenz dieser Täuschung haben sie die Belagerung aufgehoben.

Die Geschichte von Zürich ist nicht so blumig oder heroisch wie die manch einer anderen Stadt, aber wir lieben sie, und es ist eine Quelle, aus der wir Kraft schöpfen können und Vorbilder gewinnen konnten.

Vorbilder? Das müsste sich bei Rosmarie Michel ja dann wohl auf eine Frau beziehen, aber Zürich zeichnet sich definitiv nicht durch übermässige Frauenverehrung aus. Bis vor kurzem gab es nicht einmal ein Denkmal für eine bestimmte Frau, wenn man von dem Orelli-Brunnen für die erste Geschäftsleiterin des «Zürcher Frauenvereins für alkoholfreie Wirtschaften» und der Statue für die unbekannte Zürich-Retterin einmal absieht.

Diesen Zustand zu ändern macht sich um die letzte Jahrtausendwende eine Gruppe von Frauen zum Ziel, und der Prozess, das Resultat und die Präsentation dieses Resultats verbinden sich zu einem der Michelschen Sternschnuppen-Momente.

Auf derselben Limmatseite wie der Moränenhügel steht die Fraumünster-Kirche, die bis ins 16. Jahrhundert zur Fürstabtei gehörte. Es war eine reiche Abtei, und gerade dieser Reichtum hätte sie für die bilderstürmenden Reformatoren besonders reizvoll gemacht.

Die letzte Äbtissin, Katharina von Zimmern, hat einen Überfall verhindern wollen und das ganze Abteigut der Stadt übergeben. Es war eine friedliche, schöne Geste inmitten einer turbulenten, von Gewalt geprägten Zeit, und sie fand in so guter Übereinstimmung der Interessen statt, dass man ob der Weisheit dieser Frau nur staunen kann: Zürich kam zu grossem Reichtum – ohne Gewalt und ohne Zerstörung der Abtei: *Die Äbtissin hat mit grosser politischer Klugheit ein Kapitel Zürcher Geschichte abgeschlossen, und sie ist für uns eine wichtige Repräsentantin von klugen Entscheidungen, basierend auf Weitsicht und weiblichem Einfühlungsvermögen.*

Für uns?

Nur wenige Menschen in Zürich wären im letzten Jahrhundert in der Lage gewesen, auf die Frage «Wer war Katharina von Zimmern?» eine intelligente Antwort zu geben, obwohl die Äbtissinnen der Fraumünster-Abtei über Jahrhunderte hinweg als Reichsfürstinnen und Stadtherrinnen von Zürich galten. Sie übten nachweislich alle wichtigen Hoheitsrechte aus und prägten die Limmatstadt in kultureller, sozialer und wirtschaftlicher Hinsicht wesentlich mit.[34]

Einige Zürcherinnen waren der Ansicht, dass man hier etwas ändern sollte, und sie setzen einen Prozess in Gang, der an die tatkräftigen Gründerinnen der ZFV-Unternehmungen erinnert oder den Geist der Frauen wiedererweckt, die Rosmarie Michel uneigennützig gefördert haben.

Auslöser ist die 1988 erfolgte Empfehlung des Ökumenischen Rats, eine «Dekade der Solidarität der Kirche mit den Frauen» durchzuführen.[35]

Der Zürcher Kirchenrat setzt eine Arbeitsgruppe ein, die beschliesst, eine für die Kirche bedeutsame Zürcherin aus dem Schatten der Geschichte zu holen und bleibend sichtbar zu machen. Die Wahl fällt auf die letzte Äbtissin am Fraumünster, die bereits im zarten Alter von 18 Jahren in dieses verantwortungsvolle Amt gewählt wird, das sie dann fast drei Jahrzehnte lang bekleidet. Ihr Andenken sollte bewahrt bleiben.

---

34 www.frauenzunft.ch.

35 Die folgenden Ausführungen basieren auf der attraktiven, kleinen Festschrift, die anlässlich der Einweihung des Denkmals vom «Verein Katharina von Zimmern» herausgegeben wurde.

Nachdem trotz spärlicher Quellen 1999 eine Biografie[36] dieser ungewöhnlichen Frau veröffentlicht werden kann, formiert sich im Herbst 2000 unter dem Präsidium der Kirchenrätin Jeanne Pestalozzi ein breit abgestützter Verein, der sich zum Ziel gesetzt hat, für Zürichs letzte Äbtissin einen Erinnerungsort zu kreieren, und zwar dort, wo sie gewirkt hat: im Kreuzgang zwischen Fraumünster und Stadthaus. Rosmarie Michel wird gebeten, sich als eine der Schirmherrinnen für das Projekt zur Verfügung zu stellen – eine Anfrage, der sie sehr gerne nachkommt.

Unter der Ägide des Stadtpräsidenten Josef Estermann, der das Projekt befürwortet, unterstützt die Stadt Zürich dieses Vorhaben unter anderem damit, dass sie eine Vertreterin der Kunstkommission in den Verein delegiert.

Dass ein grosses Interesse an diesem Projekt besteht, zeigt sich, als die Resultate des eigens dafür ausgeschriebenen Wettbewerbs im September 2001 in der Wasserkirche öffentlich präsentiert werden. Die Kirche ist bis auf den letzten Platz besetzt, und die fünf Künstlerinnen, die in die letzte Runde gekommen sind, können sich über das Interesse vieler Zürcherinnen und Zürcher an ihren Entwürfen freuen.

Im März 2002 entscheidet sich die Jury für die Blockskulptur der Zürcher Künstlerin Anna-Maria Bauer. Diese Arbeit bringe, so heisst es in der Begründung, «die Idee eines offenen Erinnerungsortes in Gehalt und Form komplex und sensibel zum Ausdruck und werde der Persönlichkeit der Äbtissin, die damit gewürdigt wird, in jeder Beziehung gerecht».

Die Stadt beschliesst, den ehemaligen Kreuzgang im Hinblick auf die zukünftige Skulptur neu gestalten zu lassen. Auch diese Aufgabe fällt einer Frau zu: der Gartenarchitektin Sibylle Aubort Radenschall.

36 Irene Gysel und Barbara Helbling (Hrsg.): «Zürichs letzte Äbtissin – Katharina von Zimmern», Verlag Neue Zürcher Zeitung, 1999.

Nun beginnt ernsthaft das Fundraising – zuerst mit dem Verkauf von frisch geprägten Münzen und Steinen aus der alten Umfassungsmauer des Fraumünsters. Dies ist ein hübscher Anfang, aber diese Aktionen können auf keinen Fall die Kosten im sechsstelligen Bereich abdecken. Eine breite Kampagne bei Frauenorganisationen folgt, aber schliesslich ist man auf Zuwendungen von Privatpersonen und Institutionen angewiesen.

Einmal mehr ergibt sich eine Gelegenheit für Rosmarie Michel, etwas für ihre Stadt – und besonders deren weibliche Repräsentanten – zu tun. Sie präsidiert die Jury, die jährlich den hochdotierten ZFV-Sozial- und Kulturpreis vergibt. In der Nacht vor der jährlichen Sitzung dieser Jury kommt ihr plötzlich der Gedanke, dass das Projekt geradezu ideal für diesen Preis sei. Mit ihrem Verhandlungs- und Kommunikationstalent gelingt es ihr, die anderen Kommissionsmitglieder davon zu überzeugen, und die beträchtliche Summe wird zum Sockel des benötigten Kapitals wie auch zum Signal für andere Spender.

Im September 2003 gibt die zuständige Stadträtin, Kathrin Martelli, mit dem ersten Spatenstich grünes Licht für die letzte Etappe, die eigentliche Realisierung eines fünfzehn Jahre zuvor entstandenen Impulses.

Am 14. März 2004, anlässlich der Übergabe des fertigen Denkmals im neu gestalteten Kreuzgang an die Stadt, ist das Fraumünster zum Bersten gefüllt, sogar auf der Treppe zur Kanzel sitzen die Menschen. In einer überaus stimmigen Feier, an der die Gastreferentin niemand Geringeres als die Schweizer Bundesrätin Micheline Calmy-Rey ist, die anderen Rednerinnen aber alle Frauen sind, die sich aktiv am Entstehen dieses Denkmals beteiligt haben – in der Geldbeschaffung, in der Erstellung des Kunstwerks oder an Publikationen und PR-Aufgaben –, schenkt der «Verein Katharina von Zimmern» die Skulptur der Stadt Zürich. Die Anwesenden ehren damit eine Frau, die zu Unrecht vergessen war und die nun in Form eines kupferfarbenen Sarkophags, der, umgeben von kleinen Buchsbäumchen, an ihrem ehemaligen Wirkungsort die Aufmerksamkeit bekommt, die ihr zusteht. Schliesslich hatte sie ihre Entscheidung zugunsten der Stadt Zürich 1524 unter das Motto gestellt: «Die Stadt vor Unruhe und Ungemach bewahren und tun, was Zürich lieb und dienlich ist.»

Die Feier im Fraumünster beeindruckt alle Anwesenden und ist ein echter Sternschnuppen-Moment. Kein Wunder, denn dieser Anlass steht am Ende eines Prozesses, der in idealer Weise Michelsche Wertvorstellungen mit Michelscher Leadership vereinigt:

- Engagierte Frauen leisten einen grossen Einsatz – selbstverständlich auf ehrenamtlicher Basis.

- Zürich, «ihre» Stadt, hat in beispielhafter Weise ein offenes Ohr gehabt für das Anliegen, endlich einer Frau ein Denkmal zu setzen, und Hand geboten zu einer produktiven Zusammenarbeit.

- In einer Funktion, die auch sie natürlich auf ehrenamtlicher Basis ausübt, kann die Leader-Persönlichkeit Einfluss auf das Projekt ausüben und es dank einer finanziellen Zuwendung einen grossen Schritt vorwärtsbringen.

Kleiner Nachsatz zur Biografie der letzten Äbtissin: Die Reformation hatte sie arbeitslos gemacht, aber immerhin war sie ja auch bereits 47 Jahre alt – ein Alter, in dem man Anfang des 16. Jahrhunderts nicht unbedingt Zukunftspläne schmiedete. «Man» vielleicht nicht, aber diese Frau ist aussergewöhnlich: Im Alter von 47 Jahren heiratet sie den adligen Söldnerführer und Diplomaten Eberhard von Reischbach, mit dem sie nach Schaffhausen zieht. Als Endvierzigerin schenkt sie ihm noch zwei Kinder, eine Tochter und einen Sohn! Kurz vor den Kappeler Kriegen kehrt die Familie nach Zürich zurück. Eberhard von Reischbach fällt wie der Reformator Huldrych Zwingli in diesen Kriegen; seine Witwe wird ihn noch um sechzehn Jahre überleben. Spuren von ihr befinden sich an der Oberdorfstrasse und am Neumarkt, wo sie mit ihrer Tochter gewohnt hat. Trotz ihres neuen Zivilstandes wird diese bedeutende Frau bis zu ihrem Tod, der sie erst im Alter von 70 Jahren ereilt, in den Annalen der Stadt als «eptissin» geführt.

Zusammen mit der Witwe Zwinglis – der eher emanzipierten gebürtigen Anna Reinhard, verwitweten Meyer – ist sie übrigens in die «Stubengesellschaft der Constaffel», die Gesellschaft der Patrizier, aufgenommen worden.

Wie bitte? Zwei Frauen in einer Zunft? Das könnte, aus der Sicht einiger Heutiger, vielleicht das wirklich Erstaunliche am Lebenslauf dieser ungewöhnlichen Frau sein, denn Frauen sind heute, im Jahre 2006, in einer Zürcher Zunft nicht zu finden. Ja und? Für Nichtzürcher ist dies vielleicht eine weitere bizarre Eigenheit dieser Stadt; Zürcher, und besonders Zürcherinnen hingegen werden über die Anwesenheit dieser beiden Frauen in einer Zunft wirklich erstaunt sein, denn mit schöner Regelmässigkeit werden sie ja einmal im Jahr daran erinnert, wo viele der heutigen Zünftler immer noch den Platz der Frau sehen: am Strassenrand.

Das hört sich dramatischer an, als es ist, denn an 364 Tagen sieht die Sache natürlich anders aus. Dafür setzt die Haltung der Zürcher Zünfte an einem Tag des Jahres einen umso deutlicheren Kontrast. Dieser Tag heisst «Sechseläuten» und ist ein Zürcher (Halb-)Feiertag: Am Montag nach Ostern wird in dieser Stadt jeweils des Zunftwesens gedacht. Zwölf traditionelle Zünfte, zwölf Zünfte aus verschiedenen Quartieren und die «Gesellschaft zur Constaffel» begehen dann ihr Frühlingsfest mit einem Umzug durch die Stadt, der sich um 15.00 Uhr in Bewegung setzt. Sie tragen alle Kostüme aus früheren Jahrhunderten, die ihre Zugehörigkeit zu einer bestimmten Zunft belegen. Schlag 6.00 Uhr abends (daher der Name «Sechseläuten») wird auf einer grossen Wiese am Ufer des Zürichsees ein Schneemann, der «Böög», verbrannt; die Mitglieder der Zünfte mit ihren Gästen stehen im Kreis um das grosse Feuer auf der Sechseläuten-Wiese vor der Kulisse des Zürcher Opernhauses, und die Berittenen reiten um das Feuer herum. Die Zeitspanne, die es braucht, bis der Kopf des Schneemanns explosionsartig weg-

fliegt, ist – in Minuten gerechnet – eine Art Vorhersage über die
Qualität des Sommers.

Die Arbeitsteilung zwischen Mann und Frau ist an diesem Tag
genau festgelegt: Die Männer marschieren, als Zünftler verkleidet, in einem farbenfrohen Umzug durch die Innenstadt zur
Sechseläuten-Wiese, die Frauen stehen oder sitzen auf Bänken am
Strassenrand und werfen ihren und anderen Männern Dutzende
von Sträussen zu, rufen deren Namen, um Aufmerksamkeit zu
bekommen, und winken ihnen zu. Es gibt ihnen das Gefühl, damit einen Dank für Freundschaften abstatten zu können, und den
mit Blumen Beglückten das Gefühl, populär zu sein: Die Eitelkeit
der Männer ist dann befriedigt, wenn sie mit möglichst vielen
Blumen nach Hause kommen.

Keine einzige Frau, egal was sie geleistet hat oder wie populär
sie ist, kann Mitglied einer Zürcher Zunft werden. Zwar schmückt
man sich mit prominenten Frauen – bekannte Politikerinnen,
Wirtschaftsgrössen, Künstlerinnen, aber auch die jeweils amtie-
rende Miss Schweiz werden von diversen Zünften eingeladen und
dürfen mitmarschieren –, aber diese Präsenz von bekannten Frauen
verhindert nicht, dass weibliche Wesen nicht Zunftmitglieder sein
dürfen – was ja, wie man am Beispiel Katharina von Zimmern und
Anna Zwingli sieht, wohl nicht immer so gewesen ist.

Dieser anhaltende Ausschluss der Frauen hat Spuren hinterlassen und eine öffentliche Diskussion um das Zeitgemässe dieses
Zustandes ausgelöst. Initiative Zürcherinnen, die damit nicht zufrieden waren, haben 1988 eine Frauenzunft ins Leben gerufen,
die sich an den Vorbildern aus Spätmittelalter und Renaissance,
besonders den Fürstäbtissinnen, orientiert. Allerdings kämpft
diese Zunft immer noch um ihre offizielle Anerkennung, denn
die Männer tun sich schwer damit. Dies, obwohl Gewerbe- und
Handwerksfrauen, meistens verwitwet, schon im Mittelalter eigene Betriebe führten, Lehrlinge, Gesellen und Meister anstellten
und sehr wohl Mitglieder in den Zünften waren oder eigene Frau-
enzünfte hatten.

Ach ja. Die Frauen und die Zünfte …, da bin ich die Zerrissene, denn Sechseläuten ist der einzige Tag im Jahr, an dem ich nicht emanzipiert bin. Auch ich stehe am Strassenrand und werfe meinen Freunden und Familienmitgliedern Sträusse zu, finde es prächtig, wenn die Marschmusik erklingt, und schaue mir gerne an, wie sich die Zünfte am Abend gegenseitig Besuche abstatten.

Das Zunftwesen hat in meiner Familie eine lange Tradition: Bereits mein Grossvater (mütterlicherseits) war Zünftler; mein Vater war, mein Bruder und mein Neffe sind und mein Grossneffe wird Mitglied der «Zunft zur Schmiden», einer der zwölf traditionellen Handwerkszünfte mit einem stattlichen Zunfthaus in der Altstadt.

Die Urzücherin bekommt leuchtende Augen, wenn sie von diesem Zürcher Ereignis spricht, und das überrascht weniger, wenn man weiss, dass sie mit dem «Sechseläuten» 1984 einen ihrer Sternschnuppen-Momente verbindet:

Ich bekam einen Brief vom Zunftmeister der «Zunft zur Waag», die ein besonders schönes Zunfthaus auf dem Münsterhof hat: Die Zunft gebe sich die Ehre, mich als Ehrengast am nächsten Sechseläuten einzuladen, bitte mich, eine Rede zu halten und, wenn möglich, in einer traditionellen Zürcher Tracht zu kommen! Auf der Zunftstube und bei den abendlichen Besuchen geht es um Rede und Gegenrede, und es ist mehr als wünschbar, dass diese Reden witzig sind und natürlich etwas mit Zürich zu tun haben.

Man kann sich kaum vorstellen, was das für eine traditionelle Zürcherin heisst. Ich kannte den Zunftmeister, aber die Einladung hatte natürlich damit zu tun, dass ich zur Internationalen BPW-Präsidentin gewählt worden war.

Um nicht preiszugeben, was mir diese Einladung bedeutete, habe ich nicht sofort zugesagt, sondern fünf, sechs Tage gewartet – so lange, dass es gerade noch anständig war –, mich dann gemeldet, gedankt und gesagt, ich würde selbstverständlich auch eine Rede halten. Aus der Familie besitze ich die Zürcher Staatstracht, sehr elegant, mit Dreispitz – das war also auch kein Problem. So war

*alles, was ich noch tun musste, mich gut auf meine Rede vorzube-
reiten.*

Dass die Rede von Zürich handeln muss, verursacht natürlich
überhaupt kein Kopfzerbrechen – da hätte sie allenfalls die Qual
der Wahl in Bezug auf Themen. Aber als Frau möchte sie natürlich ein Zeichen setzen, und deswegen wird sie über Frauen in
Zürich sprechen. Dafür gibt es eine gute Quelle: «Die Zürcherinnen», geschrieben von Verena Bodmer-Gessner, Mitglied einer
berühmten alten Zürcher Familie, die mit ihrer «Kleinen Kultur-
geschichte der Zürcher Frauen» (Untertitel) 1966 eine Grundlage
für die Aufarbeitung der Zürcher Frauengeschichte geschaffen
hat. Mit ein paar Notizen aus dem Buch auf einem Zettel in der
Tasche ihrer Tracht betritt die Eingeladene die Zunftstube.

Dort sitzt eine Gesellschaft von honorablen Zürcher Bürgern,
von denen sie einige kennt, in ihren Kostümen am Tisch; der
Zunftmeister weist ihr den Ehrenplatz neben sich zu und steht
auf, um sie mit einer Rede offiziell zu begrüssen und sie vorzustellen.

*Wie tat er das? Indem er mich in die Kategorie «Frauen von
Zürich» schob und dabei seinen Mitzünftlern diese Welt erklären
musste. Wie hatte er sich vorbereitet? Mit dem Buch von Verena
Bodmer-Gessner natürlich, aus dem er nun frisch und fröhlich zi-
tierte; er war nicht aufzuhalten …*

*Mir schwammen die Felle davon, denn am Ende seiner Rede muss-
te ich ja die Gegenrede halten, und der Inhalt dessen, was ich sagen
wollte, war durch seine Rede bereits bekannt. Ich wusste, dass ich in
ein paar Minuten eine meiner wichtigsten Reden halten musste, auf
die ich mich keine Sekunde lang vorbereiten konnte, und ich war voller Zweifel: Wie kämpferisch, wie ironisch, wie witzig durfte es sein?
Wie tief durfte ich in der historischen Kiste meiner Stadt graben?*

*Ich hatte das Glück, damals schon einige Jahre in der Denkmal-
pflege der Stadt gearbeitet zu haben. Damit sind mir dann einige
Geschichten, die nicht bei Verena Bodmer-Gessner standen, in den*

Sinn gekommen, und so habe ich versucht, ironisch vergleichend, über die Situation der Frauen zu reden. Unter dem Druck, aus dem Stegreif eine nie geschriebene, nicht recherchierte, bis einige Minuten zuvor nicht einmal gedachte Antwort geben zu müssen, ist dann eine flammende Rede, eine geballte Ladung geworden.

Es ist mir eine grosse Genugtuung, dass mich noch Jahre später Männer auf der Strasse angesprochen haben: «Sie sind Frau Michel mit der witzigen Rede auf der Waag.» Sicher war diese Rede nicht so unglaublich viel besser, aber sie handelte von Zürich, sie kam von einer Frau, und weil wir zu Hause einen witzigen Dialog gepflegt haben, wo gegenseitiges Aufziehen an der Tagesordnung war, konnte ich auch in diesem Bereich mithalten.

Übrigens habe ich eine wichtige Erkenntnis aus dieser Erfahrung gewonnen: Ich bin der Ansicht, dass wir diese Männergesellschaften ruhig weiter bestehen lassen sollen ... Ich bin unwahrscheinlich gerne Gast gewesen, aber einmal im Leben hat mir das genügt.

Auch hier noch ein Nachsatz: Vor dem Zunfthaus, bevor wir losmarschiert sind, habe ich vom Zunftmeister, den ich gut kannte, ein kleines Sträusschen bekommen, weil er fand, ich dürfe den langen Marsch durch die Stadt nicht ganz ohne Blumen absolvieren. Ich fand das sehr aufmerksam. Am nächsten Tag sind im offiziellen Stadtanzeiger Fotos von den Leuten veröffentlicht worden, die die meisten Blumen hatten – meines war auch dabei ...

Von wem kamen diese Blumen? Von alten Freunden als Retourgeschenk, aber auch von vielen Frauen am Strassenrand, die mich erkannt und mir spontan einen Strauss überreicht oder zugeworfen haben.

Kernelement von Rosmarie Michels Sternschnuppen-Momenten ist die Tatsache, dass man sich die Erlebnisse, die diese Bezeichnung verdienen, weder wünschen noch voraussehen kann; sie überrumpeln einen einfach und können eigentlich erst in der Rückschau mit diesem besonderen Etikett versehen werden:

Ich erinnere mich sehr gerne an den Moment, als meine Vorgän-

gerin mir in Washington die goldene Amtskette der IFBPW-Präsidentin umgelegt hat. Er gehört zu den Momenten, die man nicht voraussehen kann: Einerseits spürt man die grosse Verantwortung, die einem da auf die Schultern geladen wird, andererseits aber auch dieses Miteinbezogen-Werden in eine Gemeinschaft aussergewöhnlicher Frauen. Es ist mehr als eine Ehrung, und dass ein ganzer Kongress daran glaubt, dass «die Neue» das Amt auch ausführen kann – das macht diesen Moment zu einem ganz besonderen.

Und wiederum eine Nachgeschichte: Im Zunfthaus «Zur Meisen» veranstaltet der Zürcher Club ein Fest zu Ehren der neuen Internationalen Präsidentin, an dem ich selbstverständlich auch die Amtskette getragen habe. Ich habe einen Strauss von 75 Rosen bekommen, und da ich in der Nähe dieses Zunfthauses wohne, bin ich mit diesen Rosen im Arm über die Münsterbrücke nach Hause gegangen. In der Mitte der Brücke fragte mich ein Passant: «Wie viel kostet eine Rose?»

Ein interessanter Kontrast: Für diesen Mann war ich eine Rosenverkäuferin, nachdem ich ein paar Stunden zuvor als Internationale Präsidentin geehrt worden war. Es sind solche Episoden, die einen vor eventuellem Grössenwahn bewahren.

Einer der nachhaltigsten Sternschnuppen-Momente ist die Fertigstellung des 500 Jahre alten Familienhauses nach dem Umbau: das Erbe ihrer Mutter, das so viele Familienmitglieder gesehen und die Freuden und Leiden eines Geschäftshaushaltes miterlebt hat. Die denkmalgeschützte Liegenschaft, vom Urgrossvater 1869 gekauft, ist durchgängig von der Familie bewohnt worden.

Das Haus war für mich immer etwas Besonderes, mit den Stuck-Decken und den Kachelöfen, die mit Holz eingeheizt und seit 1911 durch stationäre Gasheizungen ergänzt worden waren. Bevor ich im Winter Besuch hatte, habe ich jeweils meinen sehr schönen, 1762 gebauten Turm-Kachelofen geheizt; eine gute Erfahrung im anfeuern, und diese organische Wärme hat jeweils 48 Stunden angedauert.

Natürlich hatten wir keinen Lift, aber ein breites Treppenhaus. Das konnte ganz schön anstrengend sein, wenn man wie ich zuoberst

wohnte. So mussten zum Beispiel im Frühjahr die Vorfenster ausge-
hängt werden, sechzig an der Zahl, die dann in einem besonderen
Raum im Dachstock untergebracht wurden. Im Gegenzug mussten
Läden für den Sommer hinuntergebracht werden.

Das alles haben zwar die Lehrlinge unserer Handwerker zwei-
mal pro Jahr gemacht, aber ich musste jeweils mitgehen, um sie zu
beaufsichtigen, damit sie alles genau nach Stockwerk eingeteilt und
vorher gewaschen haben. Ein Haus aus dem 18. Jahrhundert bringt
diese Arbeit mit sich, aber da ist man dann auch nicht böse, wenn sie
plötzlich aufhört.

Zu den neuen Errungenschaften nach dem Umbau gehören unter
anderem Bodenheizung und ein Lift. Der Sternschnuppen-Moment, der Bezug der neuen Räumlichkeiten, will aber schwer verdient sein:

Als meine Mama und ich eingezogen sind, haben wir natürlich
sofort den Lift benutzt; wir waren die Ersten – und zu der Zeit lei-
der auch die Einzigen im Haus. Der Lift blieb stecken, und für die
nächsten neun Stunden waren wir Gefangene der Moderne. Handys
gab es zu dieser Zeit nicht, und mir wurde allmählich bewusst, dass
wir die Nacht in diesem kleinen Geviert verbringen würden. Zum
Glück konnte sich meine Mutter auf den Boden setzen und ist dann
auch bald eingeschlafen; ich hingegen bin stehen geblieben und habe
mein Bestes getan, nicht einzuschlafen, weil ich sonst über sie gefal-
len wäre.

Am Morgen kamen dann die Bauarbeiter, und ich konnte meine
Mama zwar zu Bett bringen, aber nicht in ihrer Nähe bleiben, weil
ich früh am Morgen eine Sitzung ausserhalb des Hauses hatte. Die
Zeit hat gerade noch gereicht, um zu duschen und meine Akten ein-
zupacken. Auf dem Weg nach unten bin ich noch schnell bei ihr
vorbeigegangen; sie ist kurz aufgewacht, lange genug, um zu sagen:
«Ich habe gut geschlafen, möchte aber noch ein bisschen weiterschla-
fen. Was gibt es zum Mittagessen?» Zumindest konnte ich jetzt beru-
higt zu meiner Sitzung gehen.

Der eigentliche Sternschnuppen-Moment war einer, der doch ein wenig erstaunt:

Zum ersten Mal in meinem 53-jährigen Leben konnte ich in eine eigene abgeschlossene Wohnung einziehen! Seit gut 22 Jahren wohne ich nun im obersten Stock des Hauses und geniesse seitdem das Zuhause – in grosser Dankbarkeit für die Architekten, Vrendli und Arnold Amsler, die auf feine und professionelle Weise alle Wünsche abgedeckt haben, wie auch in Dankbarkeit für meine Vorfahren, die dieses Haus erworben haben.

Die Liegenschaft an der Niederdorfstrasse 90 liegt neben der Talstation einer Seilbahn, die zur Universität führt. Auch als «Nichtstudierte» hat sie immer ein sehr enges Verhältnis zu dieser Institution und zur ETH, dem früheren Polytechnikum, gehabt:

Durch diese Verbindung mit der Polybahn, die vom Central zur Polyterrasse fährt und damit die ganze Hochschul- und Spitalumgebung erschliesst, sind wir mit dem Geschäft auch in der direkten Linie zur Universität.

Ich habe viele der Professoren mit den klingenden Namen gekannt und kannte ihre Präferenzen, wenn sie bei uns im Café sassen oder im Geschäft etwas für ihre Familien kauften. Natürlich habe ich mir öfter überlegt, ob es nicht ein Manko war, dass ich nicht studiert habe – Ökonomie oder Mathematik hätten mir als Fächer schon gefallen, allenfalls noch Rechtswissenschaft. Es wäre eine hervorragende Denkschulung gewesen, die mir einen zusätzlichen stabilen Unterbau gegeben hätte. Im Nachhinein ist es aber kein Manko, denn ich hatte und habe ein vielfältiges und reiches Leben.

Bei einer Einladung im privaten Kreis lernt Rosmarie Michel den Rektor der Universität, Hans-Heinrich Schmid, kennen, zu einer Zeit, als die Probleme mit den Drogenabhängigen akut waren und es auch in der Studentschaft rumorte. Es herrschte eine eher revolutionäre Aufbruchstimmung.

Wir haben uns am Buffet kennengelernt, wo wir eigentlich unser

Essen holen sollten, aber stattdessen angefangen haben, über Antworten auf dieses jugendliche Aufbegehren zu diskutieren. Wir haben uns sofort verstanden, und diese Begegnung hat sich dann zu einer Freundschaft mit ihm und seiner Frau Christa entwickelt.

Eines Tages hat sich Hans-Heinrich Schmid bei mir gemeldet, weil er etwas fragen wollte. Ich dachte, es hätte etwas zu tun mit den Studenten, denn als VR-Präsidentin des ZFV war ich ja auch sozusagen die Betreiberin der Uni-Mensen. Er war mein Gast zum Mittagessen, und am Ende der Mahlzeit sagte er: «Wir möchten Sie gerne für Ihre Verdienste in Wirtschaft, Politik, im Bereich der Förderung von Frauen und als oberste Chefin der Mensen zum Ständigen Ehrengast der Universität Zürich ernennen.»

Ich bin fast unter den Tisch gefallen! Das ist es, was ich mit Sternschnuppen-Moment bezeichne – so etwas fällt einem zu, das kann man sich ja gar nicht wünschen.

Der grosse Tag, der Dies Academicus, *kam, und als wir gemeinsam im grossen Auditorium am Irchel die Treppe hinuntergeschritten sind, habe ich mir vorgestellt, so könnte eine Himmelstreppe sein – ich bin aus dem Olymp auf die Erde gestiegen, inmitten der anderen Geehrten und Professoren. Es war, als ob ich neben mir gestanden wäre; ich war wie auf einem anderen Stern, nicht in der Wirklichkeit.*

In einem amerikanischen Schlager der 50er-Jahre sang Perry Como von Sternschnuppen: «Catch a falling star and put it in your pocket, save it for a rainy day.»[37] Rosmarie Michel hat diese Stern-Erlebnisse in grossen Taschen aufbewahrt, und sie haben ihr geholfen, mit den Regen- und Sturmtagen im Leben fertig zu werden.

Es waren Momente, die ich weder herbeiwünschen noch bewirken konnte, weil sie unvorstellbar waren. Dass sie dann auch unvorstellbar schön waren und geholfen haben, mich über die Realitäten zu tragen, erfüllt mich mit tiefer Dankbarkeit.

37 «Fang Dir eine Sternschnuppe und steck sie in deine Tasche. Spar sie dir auf für einen Regentag.»

Nona Michel

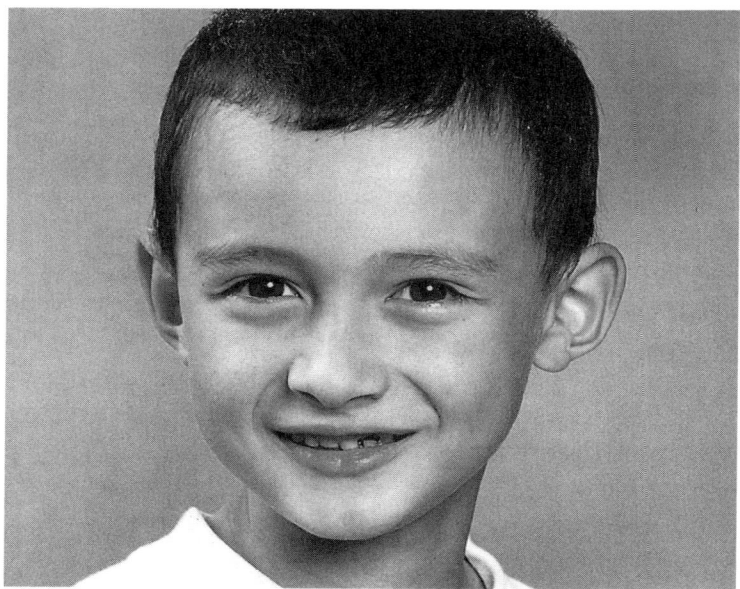

Tamino Michel

XIII

Leben heisst: loslassen und weitergeben

Altern bedeutet, lernen loszulassen.
Insofern hat man das Lebenstraining ja nie geschafft.
Erika Pluhar

Dieses Kapitel ist das letzte einer längeren Geschichtensammlung aus dem Leben von Rosmarie Michel. Der Band war auf 13 Kapitel angelegt – 13, wir erinnern uns, ist ihre Glückszahl. So soll dieses letzte Kapitel, trotz einiger besinnlicher Gedanken, zu einem glücklichen Schluss des Buches werden.

Loslassen und weitergeben – ein Lernprozess, den in einer traditionellen Familie jede Generation der nächsten veranschaulicht.

Ich kann eine Firma nur übernehmen, wenn die ältere Generation die Leitung abgibt. Wie und wann sie das tut, kann über Erfolg und Misserfolg der folgenden Generation bestimmen. Ich bin aufgewachsen mit der Gewissheit, dass meine Mutter eines Tages ihre Firma uns «Jungen» übergeben würde. Sie hat uns dann auch vorgelebt, wie selbstverständlich und ohne Schwierigkeiten dies zu vollziehen ist.

Die «ererbte» Aufgabe zu übernehmen heisst: erhalten, erneuern, verbessern, vermehren – also Verantwortung auf Zeit, mit dem Fokus auf diejenigen, die einmal nachfolgen werden.

Vor 137 Jahren, 1869, hat mein Urgrossvater das Haus am Ausgang vom Niederdorf gekauft, um darin gemeinsam mit seiner Frau eine kleine Zuckerbäckerei einzurichten. Das Geschäft lief gut, und seine Frau hatte alle Hände voll zu tun, durch eine Durchreiche die Einkaufskörbe der zahlreichen Kundinnen und Kunden mit frischen

«Chröli» (süsses Gebäck) zu füllen. Schon bald musste das Geschäft vergrössert, das heisst, in einen richtigen Laden umgewandelt und damit erweitert werden. Nach dem frühen Tod des ältesten Sohnes hat seine Witwe, eine geborene Unternehmerin, die Nachfolge angetreten.

Sie, meine Grossmutter, hat begriffen, dass jedes erfolgreiche Geschäft den Balance-Akt zwischen Tradition und Erneuerung beherrschen muss: Mit der 1911 erfolgten Eröffnung eines der ersten Cafés im Wiener Stil hat sie einen neuen Erwerbszweig geschaffen – und damit die Basis für Veränderung.

Erneuerung ist für Rosmarie Michel immer ein Thema gewesen und ist es heute noch. In hohem Masse traditionsbewusst, ist sie trotzdem seit jeher bereit gewesen, Neues auszuprobieren und die Ergebnisse mit gemachten Erfahrungen zu kombinieren. Sie hält es mit dem berühmten Diktum aus Giuseppe Tomasi di Lampedusas Roman «Il Gattopardo»: «Wenn wir wollen, dass alles bleibt, wie es ist, dann ist nötig, dass alles sich verändert.»

Wie sehr sie sich für Innovation begeistern kann, illustriert ein Erlebnis, das sehr wahrscheinlich für die Geschäftpolitik der Confiserie wie auch für Rosmarie Michel als Mitglied der Geschäftsleitung ausschlaggebend war. In Zürich gibt es eine Spezialität mit dem Namen «Offleten» (von Oblaten); ein süsses, dünnes Waffelgebäck (inzwischen auch salzig zu haben), zwischen zwei Eisen gebacken. Seit dem 14. Jahrhundert ist es in Zürich beheimatet und wird traditionell von Hand hergestellt.

Für Zürcher Familien hatte es eine besondere Bedeutung: Bei einer Verlobung, also einer Allianz von zwei Familien anlässlich der Gründung eines neuen Hausstandes, wurde als Haushaltgegenstand dieses Eisen geprägt und vorbereitet: Die zwei tellerförmigen Eisen wurden mit dem Familienwappen beider Familien versehen, und am Rand wurde das Hochzeitsdatum eingefügt.

Lange Zeit sind diese Eisen in den Familien oder in der Hand von Offletenbäckern geblieben, die dieses Gebäck von Hand auf offenem Feuer, später dann auf Gasfeuer, herstellten. Viele Zürcher Familien hatten diese Offleten an Festtagen und Familienfesten, aber auch für den täglichen Gebrauch immer zur Hand, in einer silbernen, gut verschliessbaren Dose, und auch Klein-Rosmarie wird, zuerst mit der Kinderschwester, dann alleine zum Offletenbäcker geschickt, um diese Köstlichkeit für die Familie zu kaufen:

Der Offletenbäcker war kauzig: ein hochgewachsener, aber etwas gebückt gehender Mann, der als kleines Kind durch eine Luke von der Terrasse in die Waschküche gefallen war. Zuerst war niemandem aufgefallen, dass er danach ein wenig seltsam war, aber dann merkte man es an den Sprachschwierigkeiten und auch daran, dass er nur bedingt schulfähig war.

Er hat dann von seinem Vater die Offleten-Bäckerei übernommen und seine Arbeit gut gemacht; ich habe ihm zugesehen, ich habe ihn gekannt, und obwohl er sehr wortkarg war, hat er sogar ab und zu eine private Bemerkung gemacht.

1975 stirbt Wilhelm Deppler, der letzte Zürcher Offletenbäcker, und seine einzige Erbin, eine äusserst geschäftstüchtige Cousine, will sein Hab und Gut unbedingt innerhalb von zwei Wochen liquidieren und die blanken Taler auf dem Tisch haben.

Richard Sprüngli, Besitzer der grössten und ältesten Zürcher Zuckerbäckerei, wird zuerst angefragt, ob er diese Produktion übernehmen will. Nein, in seinem grossen Betrieb habe dieses Handwerkliche keinen Platz mehr, begründet er seine Ablehnung. Nun sind die alten Zürcher mobilisiert:

Eine von ihnen, Marguerite Gloor-Meyer, auch eine «Busy-Anhängerin», hat mich angerufen und gefragt, ob wir das übernehmen wollten. Ich habe mir überlegt, was das heisst, aber eigentlich habe ich nicht lange überlegt, sondern bin in die Backstube gegangen und habe unsere Fachleute gefragt, wie sie darüber dachten. Für diejenigen, die noch nicht wussten, was das war, habe ich den Prozess des Backens beschrieben und alle gebeten, mir bis abends Bescheid zu geben. Ihre Antwort war ebenfalls ein klares Nein: Die Produktion sei zu arbeitsintensiv, zu aufwendig, zu viel Feinarbeit, zu wenig rentabel, zu wenig Garantie, dass man die Nachfrage befriedigen könne usw.

Es hat keinen Zweck, gegen den Willen von wichtigen Mitarbeitern etwas durchzudrücken. Ich habe mir während der Nacht überlegt, wie es weitergehen könnte. Irgendetwas in mir hat mir gesagt, diese Offleten sollten nicht verloren gehen, hat mich gedrängt, etwas zu tun. Ich bin über die Zahlen gegangen, habe mein Bankkonto angeschaut und gesehen, dass ich den Betrag für diese ganze Installation alleine aufbringen könnte – denn es war die Bedingung der geschäftstüchtigen Erbin, dass man das ganze Inventar und das Rezept kaufen musste, inklusive Druckausschusspapier, das man sonst für den Zeitungsdruck braucht. Am Schluss musste ich sogar noch Wilhelm Depplers letztes Paar neuer Konditorhosen für fünf Franken kaufen! Allerdings hat sie das dann noch ein paar Gegenstände gekostet, die sie nicht hatte weggeben wollen, weil ich mich nicht so übervorteilen lassen wollte.

Am nächsten Morgen erklärt sie also, dass sie diese Offleten-Bäckerei kaufen wird, und dann muss sie den ganzen Umzug die fünfhundert Meter von der Kirchgasse bis zum Central mit ihrem kleinen Morris bewerkstelligen. Zwei Tage lang lädt sie die Mehl-, Haselnuss- und Zuckersäcke ein, fährt ans Central und lädt dort wieder aus; bei den ganz schweren Säcken hilft ihr an der Kirchgasse der Postbote, am Central können dann die Mitarbeiter beim Ausladen helfen.

Dann hat ein Schmied eine kleine Installation auf einem bestehenden Gasherd von Hand konstruiert, wir konnten immer vier Offleten auf einmal backen, mit vier Originaleisen, auch das war echte Handarbeit – ich habe dann zwei Monate lang die ersten paar Tausend Offleten selbst gebacken. Da die Nachfrage vom ersten Tag an rege war, liessen sich auch die Mitarbeiter in der Backstube überzeugen, dass diese Zürcher Spezialität im richtigen Haus angekommen war.

Was hat mir dieses Beispiel gezeigt? Ich war der Ansicht, dass eine kleine Firma sich einen Auftritt zulegen musste, der sie unverwechselbar machte. Die Kundschaft muss wissen, dass diese Art von Gebäck nur an einer Stelle erhältlich ist – nur so kann man sich gegenüber der Konkurrenz abheben. Wir hatten schliesslich ein Angebot von fünf Produkten dieser Art, die sich im Markt sehr gut behauptet haben.

Die Offleten waren der Anfang einer starken Profilierung mit traditionellen Zürcher Spezialitäten. Für die Produktion hatte sie ein Monopol, und das Rezept war geschützt – eine gute Voraussetzung für eine spätere Übergabe.

Die handwerklich hergestellten Offleten rufen mit ihrem traditionellen Herstellungsritual nostalgische Erinnerungen hervor und bedeuten Exklusivität in einem heute eher fabrizierten Angebot. Das hat dazu geführt, dass Schurter nicht nur Esswaren, sondern einen Wert anzubieten hatte.

Die Übergabe der eigenen Firma: ein Thema, an dem viele Familien gescheitert sind oder sich, zumindest temporär, zerstritten haben. Rosmarie Michel weiss schon seit längerem, dass sie in der Familie einen Kulturingenieur und eine Kunsthistorikerin hat und nicht zwei Konditoren; sie weiss also, dass das Unternehmen in fremde Hände gehen wird.

Als ich mir vor drei Jahren überlegt habe, wie ich die Nachfolge regeln wollte, habe ich nicht aktiv gesucht, sondern in meinen Netzwerken bekannt gemacht, dass ich so weit wäre weiterzugeben, in einer noch nicht festgelegten Form, denn es gab verschiedene Möglichkeiten: das Geschäft einem Jungunternehmer zu übergeben, einem Konkurrenten anzubieten oder als Mietobjekt weiterzugeben.

Es gab Interessenten aus allen Lagern, doch die Aussicht auf eine Übergabe hat sich jedes Mal zerschlagen, auf natürliche Weise. Diese ersten Versuche haben auch wehgetan, weil sie in Bezug auf Philosophie und Markenerhaltung keine Resultate ergaben. Ich war mir lange Zeit auch nicht im Klaren, ob ich den Familiennamen und den meiner Mutter mit anbieten sollte oder nicht. Der Zufall wollte es, dass dies bei einem Gespräch mit meiner ZFV-Nachfolgerin Regula Pfister zur Sprache kam und sie ganz spontan sagte, der ZFV würde Expansionsobjekte suchen – ob das nicht auch ein Objekt sei für sie, angesichts seiner langen Zuckerbäcker-Tradition …

Dies war ein Angebot, das man wirklich prüfen musste. Die traditionsreiche Firma, die schon weit über hundert Jahre besteht und ihre Wurzeln in Zürich hat, war willens und in der Lage, dieses spezielle Angebot weiterhin zu produzieren. Ich selbst hatte den Verwaltungsrat mehr als zwanzig Jahre lang präsidiert, ich kannte die Firma gut und konnte mir kaum eine bessere Lösung vorstellen.

Damit war der Gedanke an eine Geschäftsübergabe erträglich geworden, ich hatte mich davor gefürchtet, habe mich jetzt aber mit einem lachenden und einem weinenden Auge trennen können. Dank dem Markenschutz und einem strukturierten Angebot werden diese traditionellen Spezialitäten weiterhin produziert. Es ist mir ein Anliegen, dass auch die süsse Zürcher Kultur nicht verloren geht.

Erneuerungen gehören zur Schurter-Tradition. Wir haben immer wieder, mindestens alle zwanzig Jahre, die Firma erneuert – baulich, inhaltlich oder vom Angebot her –, aber immer auf der Basis von Qualität und Tradition. Dies hat uns jetzt eine Lösung gebracht.

Aber es gibt noch andere Gründe, warum Rosmarie Michel sich immer wieder mit dieser Frage von Loslassen und Weitergeben befasst. Ihre vielen Mandate haben sie gelehrt, dass eine Tätigkeit von Anfang an auf Weitergeben ausgerichtet ist, denn das ist die Voraussetzung, dass etwas am Leben bleiben kann.

Ich habe mich auch immer nur als Leader auf Zeit gesehen, und das hat mir sehr geholfen. Ich war dreissig Jahre alt, als man mich zum ersten Mal in ein Präsidium geholt hat. Wenn man so jung ist, ist Loslassen kein Problem; man hat so viele Optionen, dass es undenkbar wäre, am Sessel zu kleben – man möchte weitergehen, etwas lernen, neue Herausforderungen annehmen.

Aber schon beim nächsten grossen Mandat, dem internationalen BPW-Präsidium, ist es anders:

Ich realisierte eines Tages, dass die Gründerinnen, die ich alle noch kannte – wichtige und ausserordentlich fähige Frauen –, sich langsam dem Pensionierungsalter näherten. Die Folgegeneration war nicht besonders stark, und deren potenzielle Nachfolgerinnen waren noch gar nicht vorhanden.

Bei einem Besuch in den USA hatte ich ein Modell kennengelernt, das mich sehr interessierte: In der amerikanischen Federation gab es eine Gruppierung von jüngeren Frauen, die spezielle Programmpunkte erarbeitet und eine eigene Struktur entworfen hatten, um sich besonders stark zu vernetzen. Ich hatte eines ihrer Seminare besucht und war beeindruckt.

Zurück von dieser Reise in die USA versucht sie, Mitte der 70er-Jahre in Europa einen Zusammenschluss von jüngeren Frauen zu bewirken, denn auch in Europa gab es diese leichten Anzeichen von Überalterung.

Dabei lernt sie, wie wichtig das Einbeziehen von jungen Menschen ist, damit die nächste Generation bereit ist, etwas weiterzubauen, wenn die «Alten» bereit sind, loszulassen und weiterzugeben.

Ich habe dann in den Jahren sowohl der schweizerischen wie auch der internationalen Präsidentschaft ein Modell aufgestellt, in dem wir die Mitgliederländer aufforderten, junge Berufs- und Geschäftsfrauen unter 35 Jahren auf dem Weg zum Erfolg an Kongresse einzuladen und ihnen die Reisekosten zu vergüten; der Internationale Verband hat ihnen die Einschreibgebühr erlassen. Wir im Executive Board haben dann unser Bestes getan, den Kongressteilnehmerinnen die Zielvorstellungen der Jungen und die Vernetzung mit Älteren näherzubringen.

Es ist uns damit etwas sehr Schönes gelungen, denn diese jungen Frauen haben mit ihrer Frische einen neuen Wind in die Sache gebracht und dem Verband sehr gut getan. Sie repräsentieren die

Gruppe, aus der die nächste Generation von weiblichen Leader-Persönlichkeiten kommen wird.

Die Schweiz hat mir als Geschenk für meine internationale Tätigkeit am Kongress in Neuseeland drei «Young Business and Professional Women (YBPW)» gesponsert; ich bin also mit einer starken Gruppe nach Neuseeland gereist. Dort haben die ersten Phasen des Aufbaus der ganzen Infrastruktur dieser jungen Frauen, die heute in der ganzen Welt in allen Ländern aktiv sind und für Auffrischung und Verjüngung des Netzwerks sorgen, stattgefunden.

Young BPW und «old BPW» am Management-Symposium für Frauen.

Die jungen Frauen, von denen die ehemalige Internationale Präsidentin so schwärmt, betrachten sie als Begründerin der «Young BPW», die 2005 bereits ihr 20-jähriges Bestehen feiern konnten. Es ist sozusagen ihr Vermächtnis an den Verband, und so einfach, wie sie es hier schildert, ist es nicht gewesen. Es hat wieder einiges an Überzeugungs- und Kommunikationstalent gebraucht, um die Idee einer aktiven Nachwuchsförderung in den Köpfen der gestandenen Berufs- und Geschäftsfrauen zu verankern. Dennoch blickt sie gerne zurück:

Eine wunderschöne Aufgabe! Da ich jedoch noch andere Projekte hatte und diese intensive Arbeit nicht weiterhin machen konnte, habe ich sie gerne weitergegeben. Heute sehe ich mit grosser Freude, dass wir damals den richtigen Entscheid gefällt haben: Die Erhaltung des Netzwerkes und die Belebung durch Junge ist jetzt eine Selbstverständlichkeit geworden – die Schweiz ist ein hervorragendes Beispiel dafür – und hat damit auch das Überleben dieses Netzwerkes gewährleistet.

Auch bei ihren anderen internationalen Aktivitäten spielt das Thema «Loslassen und weitergeben» eine Rolle:

Ich war als Internationale Präsidentin sehr oft auch in Entwicklungsländern und hatte dort Gespräche mit jungen Frauen, die unglaublich unternehmerisch dachten und sehr viele Möglichkeiten gehabt hätten, etwas aufzubauen, aber es fehlte ihnen an Geld und Zugang zu Know-how in Marketing und Management. Aus diesen Erfahrungen entstand meine Tätigkeit als Vice-Chair *bei Women's World Banking, dieser Institution, die versucht, den Armen in Entwicklungsländern den Zugang zu Krediten zu erleichtern und ein System aufzubauen mit Instrumenten, die sich für diese Länder eignen, denn das ganze Bankenwesen dort war eine Kopie des hiesigen Bankenwesens und bot somit sehr wenige Überlebenschancen und Möglichkeiten für die Armen. Bei Women's World Banking habe ich dann diese Kundinnen, mit denen ich ja bereits Kontakt hatte, weltweit auch als Unternehmerinnen kennengelernt, und ich habe ihre Flexibilität, Innovationsfreude, Einsatzfreudigkeit und Zuverlässigkeit sehr schätzen gelernt.*

Nun gibt es aber Bereiche, bei denen wir von echter Armut sprechen, weil die Lebensbedingungen nicht mehr gewährleistet sind:

In Bereichen wie Ernährung, Gesundheit oder Umwelt braucht es fremde Mittel, um das Risiko abzudecken. Für gewöhnlich hatten wir bei Women's World Banking die Möglichkeit, Investitionen für unseren «Risk Fund» zu bekommen, entweder von Staaten, auch von der Schweiz, von Fonds oder grossen Stiftungen, und zwar in Millionenhöhe. Als Unternehmerin war mir immer klar, dass auch private Anlegerinnen und Anleger einen Beitrag leisten möchten zu dieser sehr gesunden wirtschaftlichen Entwicklung. Bei den zahlreichen Gelegenheiten, wo ich über diese Art von Entwicklungshilfe referiert habe, kamen nachher immer Anfragen von Menschen, die sich anlagemässig daran beteiligen wollten.

Die Antwort kam dann vor gut einem Jahr, als ein innovativer und hervorragender Bankenfachmann nach einer zweijährigen Tour durch Afrika einen Investitionsfonds geschaffen hat, gemeinsam mit Unternehmern und einem ausgezeichneten Team. Eines Tages haben sie mich angefragt, ob ich als Beirat dazukommen möchte, und so hat sich für mich der Kreis geschlossen: Die Kundinnen, die Armen dieser Welt, haben Zugang zu Kleinstkrediten und Know-how; Anlegerinnen und Anleger investieren mit Fonds-Einlagen in die Finanzierung dieser Kleinstkredite und unterstützen damit eine gesunde wirtschaftliche Basis in Entwicklungsländern.

Wenn Leadership *followship* braucht, dann ist es selbstverständlich, dass man Menschen in seiner Umgebung sucht und findet, die bereit sind, sich mitreissen zu lassen und in gemeinsamen Efforts einen Einsatz für ein gutes Produkt oder ein humanitäres Ziel zu leisten. Das heisst also: Für das Weitergeben braucht es immer auch Empfänger. Rosmarie Michel weiss das, und so hält sie meist schon zu Beginn einer neuen Aufgabe Ausschau nach potenziellen Nachfolgerinnen. Diese Suche ist ausgerichtet auf Frauen, denn sie versucht immer, für ihren leer werdenden Verwaltungsratssessel eine Frau zu finden, was ihr auch fast überall gelungen ist. Das war für sie eine Selbstverständlichkeit, denn sie hätte es schade gefunden, wenn das weibliche Element, das in

unserer Gesellschaft und besonders in der Wirtschaft eine ausserordentlich wichtige Rolle spielt, rein durch egoistisches Handeln
in Frage gestellt würde – nach dem Motto: «Ich gehe jetzt, und es
ist mir egal, was danach passiert.»

*Frauen folgen auf Frauen, und dafür muss man Frauen finden,
die folgen wollen. Was braucht es dafür? Die erste Reaktion ist ja
sehr oft ein Nein, und das hat etwas zu tun mit dem Umfeld, den
vielfältigen Aufgaben, der Familie, den persönlichen Prioritäten.
Nun, schon meine Mentorinnen haben mir vorgemacht, wie man
damit umgeht. Man sagt nie «Du musst ...» oder «Sie müssen»,
sondern versucht, die Umworbene organisch in Aufgaben einzubin-
den. Das Resultat bei mir war ja dann, dass ich irgendwann einmal
realisierte, wie lange solch eine Aufgabe bereits in meinen Händen
lag und dass neue Ideen und jüngere Kräfte das Ruder übernehmen
sollten.*

Es geht bei Rosmarie Michel immer noch und immer wieder um
die Sache, und beim Weitergeben kommt ihre aussergewöhnliche
Grosszügigkeit zum Tragen. So verspürt sie den Wunsch, anderen
den Zugang zu ermöglichen zu einem Know-how, das sie in einer
langen Wirtschafts- und Reisetätigkeit erworben hat.

*Ich habe in meinem Leben die verschiedensten Möglichkeiten ge-
habt, um im Team Probleme zu lösen, in einer Diskussion zu versuchen, sämtliche Aspekte hineinzubringen, um zu vermitteln oder zu
bestimmen. Alle diese Erfahrungen bringen ein Know-how, mit dem
man vielleicht auch heute noch einen Beitrag leisten kann. Junge
und «mittelalterliche» Menschen sind oft sehr froh, wenn sie ein Problem wälzen oder sich in eine bestimmte Richtung bewegen, einen
Gesprächspartner zu finden, der ohne Eigeninteressen zuhört und
hinterher im Gespräch das Gehörte verarbeitet.*

*In der Generation, zu der meine Söhne gehören könnten, gibt es
immer wieder junge Menschen, die ein berufliches Problem gerne im
Büro mit mir besprechen möchten. Da gibt es zahlreiche Punkte, die
sich in allen Generationen gleichbleiben, und das sind die Momente,*

Übergabe an Dr. Regula Pfister, Nachfolgerin auf der GV des ZFV, 2001.

Die wichtigsten Stützen: v.l.n.r.: Ruth Rahn-Bodmer, Dr. Hans-Rudolf Rahn, Revisor; Dr. Hugo von der Crone, Verwaltungsrats-mitglied im ZFV-Verwaltungsrat.

wo ich von meinen eigenen Erfahrungen profitieren kann, indem ich Bestandteile davon oder Verhaltensmöglichkeiten weitergeben kann, so dass es anderen nützt – nicht zuletzt, weil sie das alles auf freiwilliger Basis aufnehmen.

Es wäre ihr allerdings sehr zu wünschen, dass dieses bereitwillige (und kostenlose!) Weitergeben von Erfahrung und Know-how nicht als derart selbstverständlich angesehen wird, wie viele es offensichtlich tun … Würde sie jeder Anfrage in dieser Richtung stattgeben, könnte sie sicher die Hälfte ihrer Woche auf diese Art verbringen.

Rosmarie Michel, die Erfolgsgewohnte und -verwöhnte, hat oft davon gesprochen, dass es gar nicht so leicht sei, mit Erfolg umzugehen. Meistens wird sie dann gefragt, warum das so sei – von Menschen, denen kaum etwas im Leben wichtiger ist als ihr eigener Erfolg. Auch diese Antwort basiert auf ihrer Lebenserfahrung.

Loslassen ist ein wichtiger Teil des Erfolgs, der oft nicht nur schwer zu ertragen ist, sondern einen Menschen auch verändern kann. Als Präsidentin eines grossen Netzwerks ist man wirklich die Nummer 1 in vielen Bereichen, nicht nur in der Entscheidung und der Ehrung, sondern auch in Akzeptanz und Aufmerksamkeit in der Öffentlichkeit. Was man dabei leicht vergessen kann: Es ist nicht Rosmarie Michel, die im Vordergrund steht, sondern es ist The President of the International Federation. *Im Moment, wo man dieses Amt abgibt, fällt man wieder auf sich selbst zurück. Aber wenn man diesen Prozess oft genug mitgemacht hat, erkennt man immer wieder die, wie schön und reich das Leben von Rosmarie Michel ist und wie schwierig und beschwerlich das entsprechende Amt war.*

Solche Erfahrungen helfen einem sehr, loszulassen, wo immer es gefragt ist. Ich habe bei der Übergabe meiner Firma, die wirklich ein Stück von mir und meinem Herzen ist, die Erfahrung gemacht, dass ich loslassen wollte und auch loslassen konnte – eine sehr, sehr beruhigende Erfahrung.

Und nun? Wie sieht ihr Leben nach 75, nach der Trennung von der Firma aus?

Ich weiss es nicht. Ich weiss nur, dass es endlich ist, was beruhigt, ich kann nur Hoffnungen haben, und ich kann versuchen, im Moment das zu tun, was ich ganz besonders mag und was sich auch natürlich ergibt, sozusagen den Dingen ihren Lauf lassen. Das Leben wird intensiver, wenn auch etwas beschaulicher; das manifestiert sich, indem ich mir zum Beispiel die Zeit nehmen kann, Gebrauchsanweisungen bis zum bitteren Ende zu lesen, indem ich erkenne, was ich alles besitze, und mich an Dingen erfreue, die mit guten Erinnerungen verbunden sind: der Flaschenuntersatz von Harrods, der Bilderrahmen mit den Familienfotos aus Salzburg, die Keramik-Ente aus Mexiko oder die Miniaturen meiner Vorfahren. Dinge, die mich an meinen Lebensweg erinnern und die ich jetzt beim Langsamergehen wahrnehmen, geniessen, pflegen und vielleicht auch schon weitergeben kann.

Denn in der Familie ist ebenfalls Weitergeben angesagt, in erster Linie geht es dabei um die Liebe, die Rosmarie Michel von ihren Eltern empfangen hat, an die Jungen; dann natürlich auch Materielles, aber ebenso und ganz wichtig das Gefühl für Kontinuität und Familiengeschichte.

Ich bin aufgewachsen in einem Umfeld, wo es noch VertreterInnen der alten Generation gegeben hat, nicht meine Grosseltern, aber Menschen, die Geschichten über meine Grosseltern erzählten. Wir hatten zwei betagte ledige Tanten, die uns, wenn sie zu Besuch kamen, vor allem Familiengeschichten erzählt haben. Mein Bruder hat immer lachend gesagt: «Du kennst ja unseren ganzen Stammbaum.» Das stimmte natürlich nicht, aber ich kannte vieles aus der Familienvergangenheit, was ich von den verschiedenen Onkeln und Tanten gehört hatte, und meine Herkunft war dadurch bebildert und ist mir deswegen auch in Erinnerung geblieben.

In meiner heutigen Familie gibt es eine grosse Neuerung durch die Frau meines Neffen, die Chinesin ist. Es ist eine fremde Kul-

tur; ich bin dankbar, dass ich China von verschiedenen Reisen her kenne – das gibt mir ein Gefühl dafür, wie ich jetzt mit der Transplantation von zürcherischem Geist und Wesen vorgehen kann.

Die beiden Kinder, acht und zehn Jahre alt, sind willige Zuhörer für meine Geschichten, und da ich alle Spielsachen aufbewahrt habe, gibt es auch dort eine Direktübertragung: Wie haben wir gespielt? Welche Geschichten haben wir gehört? Und: Was ist bei uns auf den Tisch gekommen? So ist das Weitergeben dieser alten Familienspezialitäten ein Weitergeben im schönsten Sinne – eine Mischung aus der eigenen Geschichte und einem Stück Geschichte meiner Vorfahren, die sich auch ohne Schwierigkeiten in fremde Kulturen einpflanzen lässt.

Im Privaten sind neue Gebiete hinzugekommen, und es ist amüsant zu sehen, wie sie damit umgeht. Dank ihrem Grossneffen interessiert sie sich zum Beispiel neuerdings für Eishockey:

Ich versuche, mich an einem Match zu informieren, wo dieser komische kleine Puck hin muss und weshalb, bin stolz, wenn Tamino als Goalie alle diesen scharfen Schüsse abhalten kann, und bin auf dem Laufenden, welche Junioren oder Bambini der verschiedenen Eishockey-Mannschaften gewinnen und wer auf der Abstiegsliste gelandet ist.

Einen Gegenpol dazu bildet die Grossnichte, die sie auch in ein neues Gebiet einführt – langweilig wird es mit einem Acht- und einer Zehnjährigen ja nie:

Sie hat als Hobby Ballett und hopst jetzt voller Freude auf einer kleinen Bühne herum; selbstverständlich ist es meine Aufgabe und meine Freude, diese Veranstaltung zu besuchen. Freude bereitet auch, sie zum ersten Opern- oder Theaterbesuch einzuladen – kleine Highlights, für die eine Grossmutter zuständig sein sollte, die ich, in Ermangelung der echten, zu ersetzen versuche.

Daneben gibt es Möglichkeiten, Kenntnisse aufzufrischen in Literatur, Geschichte oder Kunst, wo ganz neue Entwicklungen wahrzunehmen sind. Sie freut sich an ihrem Apple Power-Book – ein Kauf, den sie vor ein paar Jahren zur Überraschung ihres Umfelds getätigt hat, als sie von einem Moment auf den anderen beschloss, jetzt sei die Zeit reif für eine intensive Beschäftigung mit diesem Hilfsmittel – und möchte die Erfindung der E-Mails nicht missen:

Meine internationalen Kontakte – ich bin nach wie vor noch in einigen Gremien tätig – können nur so bearbeitet werden. Die Schnelligkeit und Spontaneität des Mediums und die Verbreitung der Meldungen per Mausklick in alle Welt – eine wunderbare Erfindung! Ich mag auch das Recherchieren im Web und freue mich über das Handy, das ich selbstverständlich mit den rules of an old lady *anwende, nämlich: Es darf niemanden stören, am wenigsten mich. Ich habe diese Hightechhilfsmittel sehr gerne in mein jetziges Leben integriert, und immer noch ist auch Reisen, aber eher in Europa, eine Bereicherung und eine grosse Freude.*

Wie viel sie gearbeitet hat, wie gross ihr Pensum, wie anstrengend ihre Reisetätigkeit war, merkt Rosmarie Michel wohl erst jetzt, beziehungsweise jetzt erst kann sie zugeben, wie belastend es zeitweilig auch gewesen ist. Es ist beeindruckend zu sehen, wie sie, die Leader-Persönlichkeit, diese neue Lebensphase angeht, ohne zurückzublicken – weder im Zorn noch mit Bedauern –, sondern im gelassenen Bewusstsein eines erfüllten Lebens, das noch viele neue Facetten verspricht und das Leben anderer hoffentlich noch lange bereichern wird. Die Chancen dafür scheinen gut zu stehen, wenn sie meint:

Loslassen ist ein Muss und eine Selbstverständlichkeit in der letzten Phase des Lebens – Weitergeben ist die Freude, die dieses Loslassen versüsst.

Eine fruchtbare Zusammenarbeit: Monique R. Siegel und Rosma-
rie Michel.

Epilog

Dieses Buch ist aus einer Reihe von nicht vorhersehbaren Umständen entstanden und beinhaltet keine Lehren, sondern Geschichten.

Geschichten waren es, die Dr. Manfred Hiefner, Verlagsleiter von Orell Füssli, veranlasst haben, für eine Veröffentlichung meiner Biografie zu plädieren. Nein, einen chronologischen Ablauf meines Lebens wollte ich der Öffentlichkeit nicht zumuten. Erst der Hinweis, mir einen sogenannten «Ghostwriter» zu vermitteln, brachte mich auf die naheliegende Idee: Wäre vielleicht meine Autoren-Freundin bereit, ihr achtes Buch meinen Geschichten zu widmen? Als sie dann den Aufhänger in Form eines Themas fand, dem man diese Geschichten unterordnen konnte, konnten wir uns ernsthaft mit dem Vorschlag auseinandersetzen.

Wer ist Monique Siegel? Die gebürtige Berlinerin und überzeugte New Yorkerin lebt seit 1971 in Zürich. Landesweit bekannt wurde sie als Rektorin bei der AKAD[37], wo sie ein Pionierprojekt für Frauenbildung ins Leben rief. Mit der Gründung ihrer eigenen Firma für Innovationsberatung hatte sie Gelegenheit, bei grossen Unternehmen Veränderungsprozesse einzuleiten; zudem ist sie eine gefragte Referentin und Kommentatorin in den Medien des In- und Auslands.

Eines Tages hatte sie eine hervorragende Idee: Sie wollte, ähnlich dem damaligen «Management-Symposium»[38] von Professor Schwab in Davos, ein Management-Symposium für die wachsende Zahl von Frauen in Entscheidungsfunktionen initiieren. Das erste fand in Davos, die folgenden elf Symposien fanden in Zürich statt. Monique

37 AKADdemikergemeinschaft für Erwachsenenbildung, damals das führende Institut für Erwachsenenbildung in der Deutschschweiz, bekannt hauptsächlich für Matura auf dem zweiten Bildungsweg.

38 Heute World Economic Forum (WEF).

Siegel liebt Pionierprojekte, ist sehr zukunftsorientiert, oft mit ihren Ideen auch zu früh. Aber diese Idee hatte Potenzial und lag ganz in meinem eigenen Interessenbereich.

Damit war die Basis zu einer Zusammenarbeit von zwei sehr unabhängigen, unterschiedlichen Frauen gelegt. Sie hat mit dem Symposium einen Markstein gesetzt.

Den Teilnehmerinnen wurde Gelegenheit geboten, sich international auszurichten, ein Netzwerk von Frauen aus den unterschiedlichsten Führungsbereichen aufzubauen und im Erfahrungsaustausch ihr Selbstvertrauen zu stärken. Mit grossem Einsatz hat Monique Siegel hervorragende international bekannte Referentinnen und Referenten nach Zürich geholt, hat die Partnerschaft mit grossen Firmen erwirkt und mit Weitsicht neue Gruppierungen aufgebaut – kurz, sie hat mit diesem jährlichen Anlass ein wirksames neues Instrument für die professionelle Weiterentwicklung von Frauen in der Wirtschaft geschaffen.

Dem gemeinsamen Aufbau dieses Projekts folgten viele weitere, und aus der Zusammenarbeit, dem gegenseitigen Respekt und zahlreichen vergnüglichen Begebenheiten entstand Freundschaft. Damit ergab sich die Frage: Hat die Autorin genügend kritischen Abstand zur Porträtierten, um dieses Buch zu verfassen? Die Beurteilung liegt bei Ihnen, den Leserinnen und Lesern. Meine Ansichten in Bezug auf Leadership waren auf jeden Fall immer die gemeinsame Grundlage. Mein Credo in diesem Bereich hat John Adair vortrefflich zusammengefasst:

- *Leadership means to me the understanding and sharing of a common purpose – without that there can be no effective leadership.*
- *Leadership is the intelligent and sensitive use of power.*
- *Self-leadership comes before leading others. That means setting aims and objectives for yourself as well as high standards of conduct and communication.*
- *People prefer to be led rather than driven.*
- *Leaders should exemplify the qualities that are expected or required in their working groups.[39]*

Sind das schwierige Forderungen? Ja, aber sie sind unabdingbar als Basis im Führungsprozess, und Erfolge nach diesem Rezept bereiten Freude und Genugtuung.

   Die Geschichten aus meinem Leben, zusammengefasst in diesem Buch, verdanke ich vielen noch lebenden wie auch, meinem Alter entsprechend, bereits verstorbenen Menschen. Viele, aber nicht alle sind namentlich erwähnt. Allen aber, den Erwähnten wie den Namenlosen, danke ich von ganzem Herzen für ihre Begleitung und ihre Sympathie, und dankbar bin ich vor allem jenen, die mir beim Geschichtenerzählen zugehört oder die Erinnerung korrigiert und ergänzt haben.

---

39 Leadership bedeutet für mich, ein gemeinsames Ziel zu verstehen und sich dazu zu bekennen – ohne diese Basis kann man nicht wirkungsvoll Leadership praktizieren. Leadership ist der intelligente und sensible Einsatz von Macht. Self-Leadership kommt vor dem Führen anderer Menschen. Das heisst, sich selbst Nah- und Fernziele zu setzen sowie hohe Verhaltens- und Kommunikations-Standards einzuhalten. Menschen möchten lieber geführt als getrieben werden. Leader-Persönlichkeiten sollten die Qualitäten, die sie von ihren Team-Mitgliedern erwarten, vorleben.

Dank

Ein Dankeschön gebührt Dr. Manfred Hiefner, der mit seinem Wunsch, die erzählten Geschichten in gedruckte Geschichten umzuwandeln, die Grundlage zu diesem Buch gelegt hat.

Als wunderbarer Gesprächspartner hat Bernd Zocher seines Amtes als Lektor gewaltet. Auch ihm danke ich herzlich.

Und was könnte man sich Schöneres und Besseres wünschen als die Freundin, Projektpartnerin und Ideenvermittlerin als Verfasserin gewinnen zu können? Monique Siegel hat aus diesem Wunsch ein Projekt über Leadership im urtümlichsten Sinn gemacht. Mit feinem Gespür für Unausgesprochenes hat sie meine Geschichten formuliert und eingereiht. Ihre humorvolle, gepflegte Sprache macht das Lesen der Texte zum Vergnügen, und ihre Schilderung der dunklen wie der heiteren Stunden bebildern mein Leben in einer Weise, wie ich sie gerne in Erinnerung behalten werde. Danke für ein wunderbares Geschenk in meinem letzten Lebensabschnitt.

Zürich, im Januar 2007   *Rosmarie Michel*